Анатолий Кабаков
Александр Ваняшов

Расчет основных параметров поршневых пневматических двигателей

AF153157

Анатолий Кабаков
Александр Ваняшов

Расчет основных параметров поршневых пневматических двигателей

LAP LAMBERT Academic Publishing

Impressum / Выходные данные

Bibliografische Information der Deutschen Nationalbibliothek: Die Deutsche Nationalbibliothek verzeichnet diese Publikation in der Deutschen Nationalbibliografie; detaillierte bibliografische Daten sind im Internet über http://dnb.d-nb.de abrufbar.

Библиографическая информация, изданная Немецкой Национальной Библиотекой. Немецкая Национальная Библиотека включает данную публикацию в Немецкий Книжный Каталог; с подробными библиографическими данными можно ознакомиться в Интернете по адресу http://dnb.d-nb.de.

Coverbild / Изображение на обложке предоставлено: www.ingimage.com

Verlag / Издатель:
LAP LAMBERT Academic Publishing
ist ein Imprint der / является торговой маркой
OmniScriptum GmbH & Co. KG
Heinrich-Böcking-Str. 6-8, 66121 Saarbrücken, Deutschland / Германия
Email / электронная почта: info@lap-publishing.com

Herstellung: siehe letzte Seite /
Напечатано: см. последнюю страницу
ISBN: 978-3-659-54112-4

Оглавление

Введение.. 2

1. Теоретические рабочие процессы пневматических двигателей объемного действия.. 4

2. Рабочие характеристики пневматических двигателей........................12

3. Перспективы создания поршневых пневматических двигателей с самодействующими клапанами... 13

4. Результаты исследования газодинамических характеристик самодействующих клапанов поршневых расширительных машин......... 20

5. Расчет поршневых двигателей с золотниковым воздухораспределением... 28

6. Расчет поршневых двигателей с самодействующими системами воздухораспределения... 37

Заключение.. 54

Список литературы... 55

Введение

На современных предприятиях машиностроительной, химической, нефтехимической, нефте-, газо- и горнодобывающей отраслей промышленности наряду с электрической энергией используется энергия сжатого воздуха (пневматическая энергия).

Пневматическая энергия во многих производствах является единственно возможной, т.к. обеспечивает взрыво- и пожаробезопасную работу оборудования.

Потребителями пневматической энергии являются пневматические приводы, которые делятся на две группы: 1) приводы поступательного движения (так называемые силовые приводы), применяющиеся обычно для автоматизации производственных процессов; 2) приводы вращательного движения (так называемые моментные) [1-3].

Пневматические приводы вращательного движения часто называют пневмомоторами или пневмодвигателями. Назначение их состоит в преобразовании энергии сжатого воздуха в механическую энергию. Основное применение они получили: в горнодобывающей промышленности для привода лебедок, погрузочных машин, дожимающих компрессоров и т.д.; в нефтедобывающей промышленности на буровых установках для навинчивания обсадных труб скважин.

Пневматические двигатели обладают рядом преимуществ по сравнению с другими типами двигателей – электрическими и внутреннего сгорания. Они пожаро- и взрывобезопасны, не вызывают появление блуждающих токов, усиливающих коррозию подземного оборудования, не нуждаются в заземлении, имеют более высокую надежность работы, особенно в условиях повышенной радиации и электромагнитных полей. Пневмодвигатели имеют более благоприятную пусковую характеристику, чем электродвигатели, т.к. не перегреваются при частых пусках-остановках и к тому же возможность обмерзания выхлопных патрубков при таком режиме работы у них меньше, чем при непрерывной работе. При резких колебаниях нагрузки пневмодвигатели, благодаря упругой воздушной подушке, менее разрушительно действуют на механизм передачи крутящего момента. При перегрузках на валу электродвигатели, обладающие жесткой характеристикой, потребляют энергию соответственно нагрузке, а пневмодвигатели, благодаря мягкой механической характеристике, снижают и частоту вращения, и потребление энергии.

Благодаря преимуществам пневматического привода, в ряде случаев находящимся вне конкуренции, несмотря на повышенную стоимость энергии сжатого воздуха, положительный эффект от его применения значительно превосходит энергетические затраты.

Пневмодвигатели общего назначения по принципу действия разделяют на объемные и турбинные. К последним относятся осевые и центробежные двигатели. Объемные пневмодвигатели могут быть классифицированы по числу звеньев, образующих рабочую камеру [3]:

1. сильфонные; диафрагменные;
2. поршневые; планетарно-роторные;
3. шестеренные; винтовые;
4. ротационно-пластинчатые.

Поршневые пневмодвигатели (ППД) в отличие от пневмодвигателей других типов обеспечивают требуемый уровень мощностей с приемлемой экономичностью. ППД используются во многих установках, в частности, поршневыми пневмодвигателями комплектуются буровые ключи (типа АБКЗМ2, АКБУ), предназначенные для завинчивания обсадных труб при бурении нефтяных скважин [2].

В настоящем учебном пособии рассмотрены вопросы проектирования поршневых пневмодвигателей с принудительной системой воздухораспределения (золотниковым механизмом), наиболее часто применяющиеся в промышленности, и самодействующими системами воздухораспределения (самодействующими клапанами).

1. Теоретические рабочие процессы
пневматических двигателей объемного действия

Основные энергетические показатели пневматических двигателей объемного действия, такие как индикаторная мощность $N_{инд.}$, мощность на валу $N_в$, расход сжатого воздуха V (при стандартных начальных условиях), удельный расход сжатого воздуха $q = \overline{V} / N_в$, ($\dfrac{\text{м}^3 / \text{мми}}{\text{кВт}}$) , определяющие эффективность и экономичность их работы зависят от процессов, протекающих в рабочих полостях двигателей.

Совокупность всех рабочих процессов образует рабочий цикл или индикаторную диаграмму.

Действительные индикаторные диаграммы, имеющие место в реальных условиях эксплуатации, в практике инженерных расчетов схематизируются в виде теоретических индикаторных диаграмм, состоящих из следующих термодинамических рабочих процессов: изобарного; изохорного; политропного (адиабатного).

В общем случае полезная теоретическая индикаторная работа двигателя определяется как сумма работ, получаемых в результате механических и термодинамических процессов, происходящих в рабочей полости двигателя:

$$L_{инд.Т} = L_{нап} + L_{расш} - L_{выт} - L_{сж} , \qquad (1)$$

где $L_{нап}$ – работа наполнения (изобарный процесс);

$L_{расш}$ – работа расширения сжатого воздуха (политропный или адиабатный процесс);

$L_{выт}$ – работа выталкивания (изобарный процесс);

$L_{сж}$ – работа сжатия (политропный или адиабатный процесс).

Работа процессов расширения и сжатия определяется как интеграл $L = \int\limits_{н}^{к} PdV$, где $н$ и $к$ – начальное и конечное состояния рабочего тела. Процессы сжатия и расширения в схематизированных индикаторных диаграммах описываются уравнением политропы $PV^n = const$ или адиабаты $PV^k = const$, где n и k – соответственно показатели политропы и адиабаты процессов сжатия или расширения. Работа процессов выталкивания и наполнения определяется как полный интеграл $L = \int\limits_{H}^{K} d(PV)$.

Теоретические рабочие циклы пневматических двигателей, показанные на рис. 1-6 в общем случае могут состоять из следующих основных процессов: 1-2 – наполнение; 2-3 – расширение; 3-4 – выхлоп; 4-5 – выталкивание; 5-6 – обратное сжатие; 6-1 – впуск. В зависимости он конструкции, назначения пневматического двигателя и требований к его работе некоторые из этих процессов могут отсутствовать.

Соответственно вышеуказанному цифровому обозначению процессов вводятся параметры цикла (давление и объем): P_1 – давление воздуха равное начальному P_H; P_2, V_2 – давление и объем воздуха в конце процесса наполнения; P_3, V_3 – давление и объем в конце процесса расширения; P_4, V_4 - давление в конце процесса выхлопа равное конечному и объем, соответствующий положению поршня в нижней «мертвой» точке; P_5, V_5 – в конце процесса выталкивания; P_6, V_6 – в конце процесса обратного сжатия. Рабочий объем пневмодвигателя – V_h, «мертвый» объем – V_M.

Для удобства проектирования вводятся следующие безразмерные величины, характеризующие рабочий цикл поршневых пневмодвигателей:

$\pi = \dfrac{P_H}{P_K} = \dfrac{P_1}{P_4}$ - степень понижения давления;

$a = \dfrac{V_M}{V_h}$ - относительный «мертвый» объем цилиндра пневмодвигателя;

$\delta = \dfrac{V_2}{V_h + V_M}$ - степень наполнения;

$\varepsilon = \dfrac{V_5}{V_h + V_M}$ - степень обратного сжатия;

Экономичность работы пневматических двигателей характеризуется следующими параметрами:

$\eta = \dfrac{N_B}{N_{инд}}$ - коэффициент полезного действия, в зависимости от выбранного вида рабочих процессов расширения и сжатия может быть адиабатным или политропным.

5

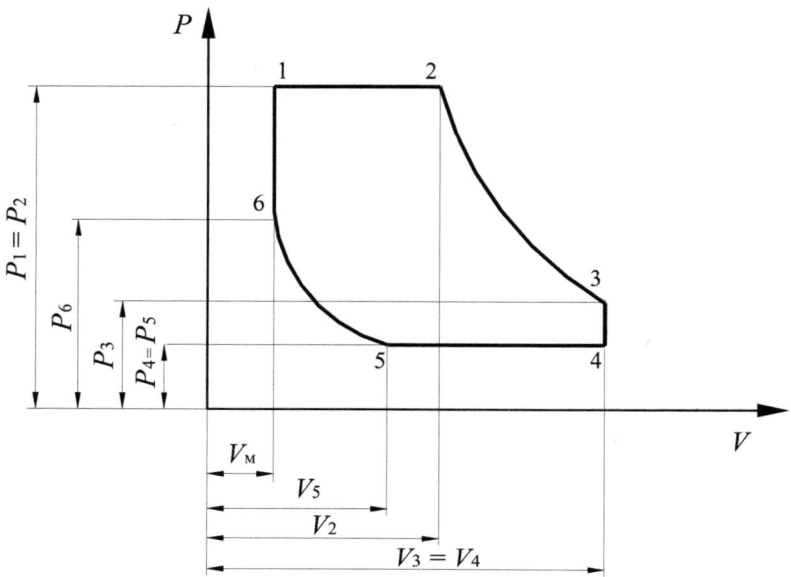

Рис. 1. Шестипроцессный рабочий цикл пневмодвигателя с неполным расширением и обратным сжатием

$$L_{нап} = P_1 \cdot (V_2 - V_м); \quad L_{вып} = P_4 \cdot (V_4 - V_5);$$

$$L_{расш} = \frac{1}{n-1} \cdot (P_2 \cdot V_2 - P_3 \cdot V_3) = \frac{1}{1-n} \cdot P_2 \cdot V_2 \cdot \left[\left(\frac{P_2}{P_3} \right)^{\frac{1-n}{n}} - 1 \right];$$

$$L_{сж} = \frac{1}{n-1} \cdot (P_6 \cdot V_м - P_5 \cdot V_5) = \frac{1}{1-n} \cdot P_5 \cdot V_5 \cdot \left[1 - \left(\frac{P_5}{P_6} \right)^{\frac{1-n}{n}} \right];$$

$$L_{инд} = \frac{1}{n-1} \cdot (P_2 \cdot V_2 - P_3 \cdot V_3 - P_6 \cdot V_М + P_5 \cdot V_5) + P_1 \cdot (V_2 - V_м) - P_4 \cdot (V_4 - V_5), \quad \text{или}$$

$$L_{инд} = \frac{1}{n-1} \cdot V_h \cdot (a+1) \cdot \left\{ P_4 \cdot \left[n \cdot \left(\frac{P_2}{P_3} \right)^{\frac{n-1}{n}} - \frac{(n-1) \cdot a}{a+1} \cdot \frac{P_1}{P_3} \right] + P_3 \cdot \frac{a}{a+1} \cdot \left[n \cdot \left(\frac{P_5}{P_6} \right)^{\frac{n-1}{n}} - 1 \right] \right\} \cdot (1)$$

$$L_{инд} = P_1 \cdot V_h \cdot (a+1) \cdot \left[\frac{\delta - \delta^n}{n-1} + \delta - \frac{a}{a+1} - \frac{1}{\pi} \cdot \left(\frac{\varepsilon^n \cdot \left(\frac{a+1}{a} \right)^{n-1} - \varepsilon}{n-1} - \varepsilon + 1 \right) \right].$$

$$(2)$$

6

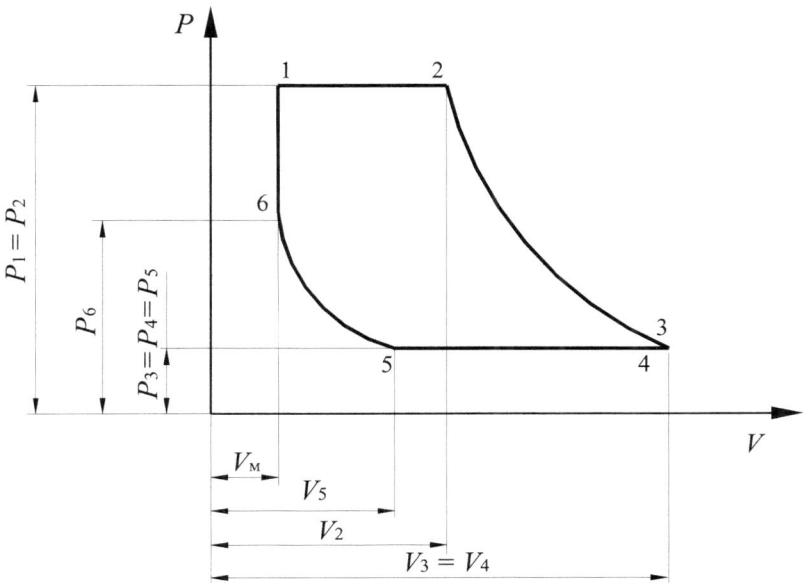

Рис. 2. Пятипроцессный рабочий цикл пневмодвигателя с полным расширением и обратным сжатием

$$L_{нап} = P_1 \cdot (V_2 - V_м); \quad L_{вып} = P_3 \cdot (V_3 - V_5);$$

$$L_{расш} = \frac{1}{n-1} \cdot (P_2 \cdot V_2 - P_3 \cdot V_3) = \frac{1}{1-n} \cdot P_2 \cdot V_2 \cdot \left[\left(\frac{P_2}{P_3} \right)^{\frac{1-n}{n}} - 1 \right];$$

$$L_{сж} = \frac{1}{n-1} \cdot (P_6 \cdot V_м - P_5 \cdot V_5) = \frac{1}{1-n} \cdot P_5 \cdot V_5 \cdot \left[1 - \left(\frac{P_5}{P_6} \right)^{\frac{1-n}{n}} \right];$$

$$L_{инд} = \frac{1}{n-1} \cdot (P_2 \cdot V_2 - P_3 \cdot V_3 - P_6 \cdot V_М + P_5 \cdot V_5) + P_1 \cdot (V_2 - V_м) - P_3 \cdot (V_3 - V_5), \text{ или}$$

$$L_{инд} = \frac{1}{n-1} \cdot V_h \cdot (a+1) \cdot \left\{ P_3 \cdot \left[n \cdot \left(\frac{P_2}{P_3} \right)^{\frac{n-1}{n}} - \frac{(n-1) \cdot a}{a+1} \cdot \frac{P_1}{P_3} \right] + P_3 \cdot \frac{a}{a+1} \cdot \left[n \cdot \left(\frac{P_5}{P_6} \right)^{\frac{n-1}{n}} - 1 \right] \right\} \cdot \quad (3)$$

$$L_{инд} = P_1 \cdot V_h \cdot (a+1) \cdot \left[\frac{\delta - \delta^n}{n-1} + \delta - \frac{a}{a+1} - \frac{1}{\pi} \cdot \left(\frac{\varepsilon^n \cdot \left(\frac{a+1}{a} \right)^{n-1} - \varepsilon}{n-1} - \varepsilon + 1 \right) \right]. \quad (4)$$

7

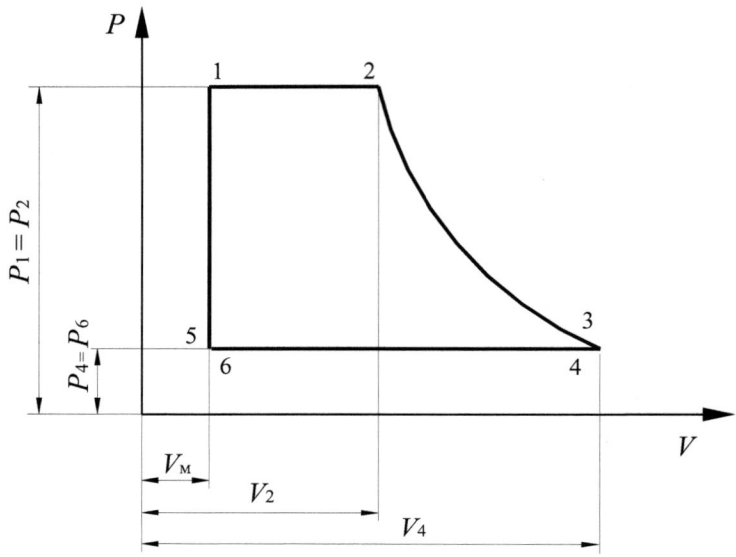

Рис. 3. Четырехпроцессный рабочий цикл поршневого пневмодвигателя с полным расширением

$$L_{\textit{нап}} = P_1 \cdot (V_2 - V_{\textit{м}}); \quad L_{\textit{выт}} = P_3 \cdot (V_3 - V_5);$$

$$L_{\textit{расш}} = \frac{1}{n-1} \cdot (P_2 \cdot V_2 - P_3 \cdot V_3) = \frac{1}{1-n} \cdot P_2 \cdot V_2 \cdot \left[\left(\frac{P_2}{P_3} \right)^{\frac{1-n}{n}} - 1 \right];$$

$$L_{\textit{инд}} = \frac{n}{n-1} \cdot (P_2 \cdot V_2 - P_3 \cdot V_3) - V_{\textit{м}} \cdot (P_1 - P_3), \text{ или}$$

$$L_{\textit{инд}} = P_3 \cdot V_h \cdot (a+1) \cdot \left\{ \frac{n}{n-1} \cdot \left[\left(\frac{P_1}{P_3} \right)^{\frac{n-1}{n}} - 1 \right] + \frac{a}{a+1} \cdot \left[1 - \frac{P_1}{P_3} \right] \cdot \right\}; \tag{5}$$

$$L_{\textit{инд}} = P_1 \cdot V_h \cdot (a+1) \cdot \left[\frac{\delta - 1/\pi}{n-1} + \delta - \frac{a}{a+1} - \frac{1}{\pi \cdot (a+1)} \right]. \tag{6}$$

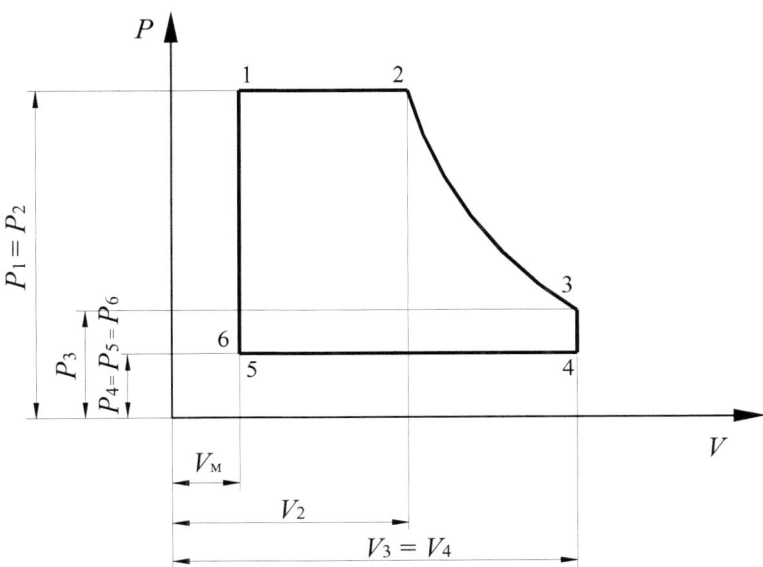

Рис. 4. Пятипроцессный рабочий цикл поршневого пневмодвигателя с неполным расширением

$$L_{нап} = P_1 \cdot (V_2 - V_м); \quad L_{вып} = P_4 \cdot (V_4 - V_м);$$

$$L_{расш} = \frac{1}{n-1} \cdot (P_2 \cdot V_2 - P_3 \cdot V_3) = \frac{1}{1-n} \cdot P_2 \cdot V_2 \cdot \left[\left(\frac{P_2}{P_3} \right)^{\frac{1-n}{n}} - 1 \right];$$

$$L_{инд} = \frac{1}{n-1} \cdot (P_2 \cdot V_2 - P_3 \cdot V_3) + P_1 \cdot (V_2 - V_м) - P_4 \cdot (V_4 - V_м), \text{ или}$$

$$L_{инд} = V_h \cdot (a+1) \cdot \left[P_1 \cdot \frac{n - \left(\frac{P_3}{P_1} \right)^{\frac{n-1}{n}}}{n-1} \cdot \left(\frac{P_3}{P_1} \right)^{\frac{1}{n}} - \frac{a}{a+1} \cdot (P_1 - P_4) - P_4 \right]; \qquad (7)$$

$$L_{инд} = P_1 \cdot V_h \cdot (a+1) \cdot \left[\frac{\delta - \delta^n}{n-1} + \delta - \frac{a}{a+1} - \frac{1}{\pi \cdot (a+1)} \right]. \qquad (8)$$

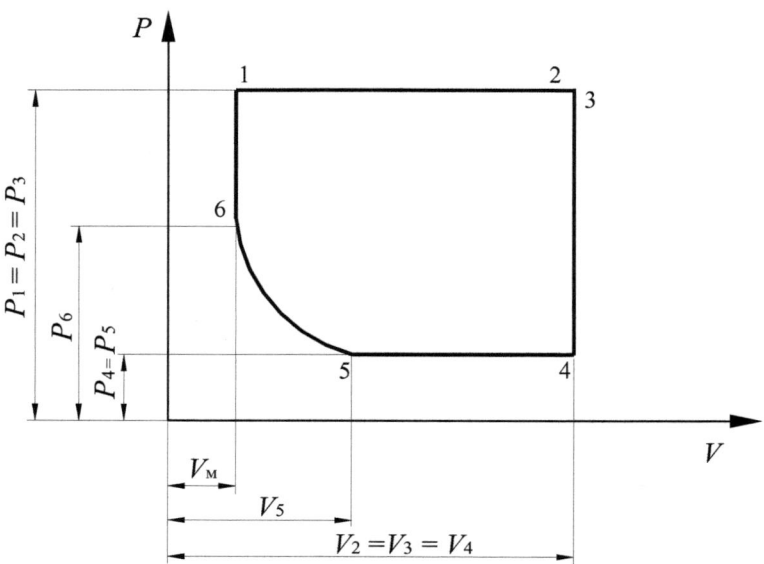

Рис. 5. Пятипроцессный рабочий цикл поршневого пневмодвигателя с полным наполнением и обратным сжатием

$$L_{нап} = P_1 \cdot (V_2 - V_м); \quad L_{выт} = P_3 \cdot (V_3 - V_5);$$

$$L_{сж} = \frac{1}{n-1} \cdot (P_6 \cdot V_м - P_5 \cdot V_5) = \frac{1}{1-n} \cdot P_5 \cdot V_5 \cdot \left[1 - \left(\frac{P_5}{P_6} \right)^{\frac{1-n}{n}} \right];$$

$$L_{инд} = P_1 \cdot (V_2 - V_м) - P_3 \cdot (V_3 - V_5) - \frac{1}{n-1} \cdot (P_6 \cdot V_M - P_5 \cdot V_5), \text{ или}$$

$$L_{инд} = V_h \cdot (a+1) \cdot \left\{ \frac{P_1}{a+1} - P_3 + \frac{P_3 \cdot a}{(a+1) \cdot (n-1)} \cdot \left[n \cdot \left(\frac{P_5}{P_6} \right)^{\frac{n-1}{n}} - 1 \right] \right\}; \qquad (9)$$

$$L_{инд} = P_1 \cdot V_h \cdot (a+1) \cdot \left[1 - \frac{a}{a+1} - \frac{1}{\pi} \cdot \left(\frac{\varepsilon^n \cdot \left(\frac{a+1}{a} \right)^{n-1} - \varepsilon}{n-1} - \varepsilon + 1 \right) \right]. \qquad (10)$$

10

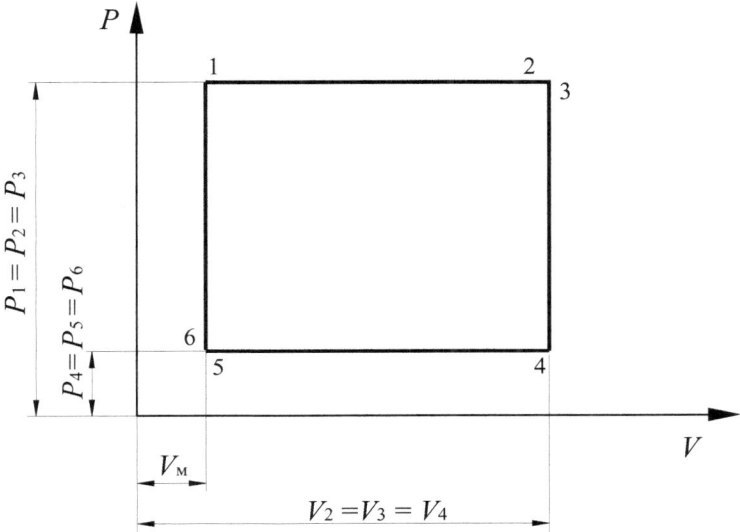

Рис. 6. Четырехроцессный рабочий цикл поршневого пневмодвигателя с полным наполнением

$$L_{нап} = P_1 \cdot (V_2 - V_м); \quad L_{выт} = P_3 \cdot (V_2 - V_м);$$

$$L_{инд} = (P_1 - P_3) \cdot (V_2 - V_м), \text{ или}$$

$$L_{инд} = P_1 \cdot V_h \cdot \left(1 - \frac{1}{\pi}\right). \tag{11}$$

2. Рабочие характеристики пневматических двигателей

Главным критерием при выборе и проектировании двигателей является обеспечение требуемой нагрузки при колебаниях чисел оборотов вала в допустимых пределах. Число оборотов вала при $P_{\text{н}} = const$ зависит от величины нагрузки и увеличивается при уменьшении крутящего момента на валу и наоборот.

Зависимости мощности N, крутящего момента M, индикаторного коэффициента полезного действия η, расхода сжатого воздуха $\overline{V}$, удельного расхода сжатого воздуха q от числа оборотов n вала называются рабочими характеристиками пневматических двигателей. Пример рабочих характеристик приведен на рис. 7.

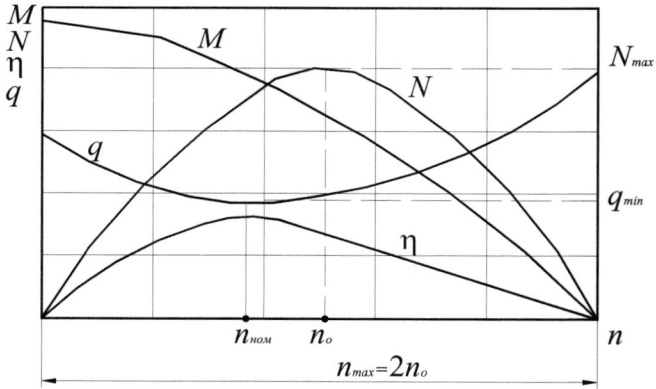

Рис. 7. Рабочие характеристики пневматического двигателя

Зависимость $N=f(n)$ носит параболический характер с нулевым значением мощности в начале координат. Максимальное значение мощности N_{max} достигается при числе оборотов n_0. При увеличении числа оборотов до $n_{max} \approx (2\text{-}2{,}8)n_0$ значение мощности вновь достигает нуля.

Зависимость $M=f(n)$ имеет вид кривой эллиптического характера близкой в средней части к прямой линии. Крутящий момент имеет *max* значение при близкой к нулю скорости вращения вала и непрерывно уменьшается до нуля при свободных оборотах вала.

Зависимость $\eta = f(n)$ имеет максимум при номинальной частоте вращения $n_{ном} \approx (0{,}6\text{-}0{,}7)n_0$. Номинальная мощность $N_{ном}$ и номинальный крутящий момент $M_{ном}$ имеют место при $n_{ном}$.

Зависимость удельного расхода $q = f(n)$ параболического вида, имеющая минимальное значение также при номинальной частоте вращения.

3. Перспективы создания поршневых пневматических двигателей с самодействующими клапанами

Основным и практически единственным предприятием в России, ведущим разработку и производство радиально-поршневых ПД, является ОАО «Завод пневматических машин и гидроаппаратуры) (ранее ОАО «Пневматика»), г. Санкт-Петербург. В настоящее время на «Пневматике» выпускаются следующие типы машин: П8-12, П12-12, П13-16, П16-25 , мощностью от 8 до 16 кВт, числом оборотов от 750 до 1500 об/мин в 4-х и 5-ти рядном исполнении звездообразного типа.

Технические характеристики выпускаемых ОАО «Пневматика» пневмодвигателей приведены в табл. 1 [6, 7]. В табл. 2 приведены данные аналогов зарубежного производства [4].

Таблица 1

Технические параметры поршневых пневмодвигателей отечественного производства

Типы поршневых двигателей	Показатели					
	Число цилиндров	Давление воздуха на входе, МПа	Номинальная мощность, кВт	Частота вращения, об/мин	Удельный расход воздуха, $\dfrac{\text{м}^3}{\text{кВт} \cdot \text{мин}}$	Удельная металлоемкость, кг/кВт
П8-12	4	0,63	8	750	1,02	13,13
П12-12	5	0,63	12	750	1,02	8,75
П13-16	5	0,63	13	1000	1,0	8,46
П16-25	5	0,5	16	1500	1,3	6,25
П7,5-12	5	0,4	7,5	750	1,1	12,7
П2,5-Ф1	5	0,5	9,5	800	1,08	10,5
П6,3-12	4	0,4	6,3	750	1,13	15,1

Технические параметры поршневых пневмодвигателей зарубежного

производства

Типы поршне-вых пневмо-двигателей	Показатели				
	Давление воздуха на входе, МПа	Номиналь-ная мощ-ность, кВт	Частота вращения, об/мин	Удельный рас-ход воздуха, $\dfrac{\text{м}^3}{\text{кВт}\cdot\text{мин}}$	Удельная ме-таллоемкость, кг/кВт
Завод Острой Чехия	0,4	5,9-55,1	700-1200	0,95-1,16	13,6
Заводы Петро-вицкой и Рыб-ницкий Польша	0,4	5,5	800	1,02	16,3
«Atlas Copco» Швеция	0,6	1,8-9,6	250-1300	0,95-1,09	10,9-14,96
«Holman», «Broom and Wade», BID Англия	0,385-0,56	2,2-36,8	500-1200	0,8-1,08	15,4-40,8
«Gardner-Denver Co.» США	0,385-0,64	1,3-7,35	610-1060	0,95-1,0	10,0-14,0

Традиционно ППД выполняются с принудительной системой золотниково-го воздухораспределения, представляющей собой кинематическую пару, состо-ящую из вращающегося вала - золотника с каналами для подвода и отвода воз-духа, жестко связанного с коленчатым валом и неподвижной коробки (корпуса) золотника с окнами для сообщения подводящих и отводящих каналов с цилин-драми ППД.

Система воздухораспределения обеспечивает термодинамический цикл в рабочей полости и оказывает тем самым значительное влияние на эффектив-ность работы ППД (индикаторный и механический КПД), его экономичность (удельный, приходящийся на единицу мощности, расход сжатого воздуха), мас-со-габаритные показатели. В этой связи всегда актуальными оставались работы, направленные на улучшение работы и совершенствование конструкций систем воздухораспределения.

Совершенствованию золотниковых систем воздухораспределения были посвящены многочисленные работы В.Д. Зиневича и др. [3 - 5, 9]. Вопросы модернизации касались, в основном, изменения формы и площадей проходных сечений окон золотника. Однако, последние работы, касающиеся исследования поршневых ПД и систем их воздухораспределения относятся к началу 80-х годов [9]. Последняя модернизация поршневых ПД на заводе «Пневматика» касалась перевода работы пневмодвигателей на более высокое номинальное давление на входе $P_н$=0,63 МПа. Актуальность повышения рабочего давления пневматических машин показа в работе [10].

Следует отметить, что система золотникового воздухораспределения обладает рядом существенных недостатков: сложность изготовления золотника; повышенные потери на механическое трение в коробке золотника, а, следовательно, невысокий механический КПД; повышенные гидравлические потери в каналах золотника, приводящие к снижению индикаторного КПД; большая металлоемкость и габариты; снижение КПД ПД на не расчетных режимах, при переменном давлении на входе, что часто связано с большой протяженностью пневматических сетей.

Одним из направлений совершенствования воздухораспределения ППД, является замена принудительной системы на самодействующие клапаны. Исследования в области конструирования и расчета самодействующих клапанов для расширительных машин (детандеров, детандер-компрессорных агрегатов, пневматических двигателей) проводились в Санкт-Петербургском государственном университете низкотемпературных и пищевых технологий (СПбГУ-НиПТ), г. Санкт-Петербург [11, 12] и в Омском государственном техническом университете (ОмГТУ), г. Омск [13 - 24].

В ОмГТУ разработаны и созданы ряд экспериментальных стендов для исследования модели ППД [16, 19, 22, 23]. Рабочий цикл ПД организован по прямоточной схеме движения воздуха, с впуском воздуха через самодействующий клапан и выпуском через выхлопные окна, размещенные в нижней части цилиндра. На стенде исследовалась работа клапанов кольцевого и тарельчатого типов с регулируемой высотой подъема запорного элемента.

Теоретические исследования выполнялись на математической модели рабочих процессов ППД, составленной в одномерной постановке при допущении об идеальности газа и стационарности тепловых и газодинамических процессов, в основу которой положены четыре уравнения: энергии для тела переменной массы; расхода; состояния; динамики самодействующего клапана [15].

Достоверность математической модели подтверждена сопоставлением результатов расчета с экспериментальными данными. Расхождение в интегральных показателях, в частности индикаторных мощностях, для всех режимов не превышало 3-5 %.

В [18] предлагаются некоторые выводы, основанные на результатах экспериментальных и теоретических исследований ППД с самодействующей системой воздухораспределения.

На основе накопленного объема экспериментальных данных, хорошо согласующихся с расчетными, выбрана методика проектирования поршневых ПД с самодействующей системой воздухораспределения, состоящая из двух этапов. На первом этапе, с помощью инженерного расчета, предварительно производится определение основных геометрических соотношений ПД, гарантирующих его работоспособность. На втором этапе, с помощью математической модели, проводится уточнение конструктивных параметров с целью обеспечения минимального удельного расхода сжатого воздуха.

Перспективы практического приложения полученных результатов в промышленности можно оценить, проведя сопоставление технических параметров предлагаемых поршневых ПД с характеристиками машин - аналогов и выдаче рекомендаций по изготовлению опытно-промышленных образцов.

Реализация предлагаемых конструктивных решений в опытно-промышленном образце возможна в трех направлениях.

1. Модернизация серийно выпускаемых машин аналогичного значения, например П8, П12, П13, П16. В этом случае замене подвергаются только цилиндры и крышки цилиндров. Такой способ обеспечивает наименьшие затраты на изготовление опытного ПД. Немаловажно для комплектации установок, на которых эксплуатируются эти ПД то, что присоединительные размеры ПД сохранятся прежними. Однако, такое преимущество ПД с самодействующими клапанами, как пониженная металлоемкость, остается нереализованным, т.к. в отливку корпуса входят золотниковая коробка и подводящая арматура.

2. Использование для создания ПД унифицированных баз поршневых компрессоров, например, четырехрядных холодильных компрессоров ФУ12. Ход поршня у компрессоров ФУ12 в два раза короче, чем у серийных двигателей ОАО «Пневматика», поэтому получение той же мощности на валу, что и у аналога, возможно при большей частоте вращения. Удельная металлоемкость и габаритные размеры ПД, выполненных на базах поршневых компрессоров могут

быть снижены. Недостатком конструкции таких ПД являются измененные присоединительные размеры.

3. Создание собственных баз поршневых пневматических двигателей с самодействующими клапанами. Это направление разработки конструкций приведет к получению наилучших интегральных показателей, таких как удельная металлоемкость и габариты. Это наиболее длительный путь, связанный с разработкой и освоением производства корпусных деталей новых двигателей.

С использованием инженерной методики расчета и математической модели рабочих процессов, проверенной на адекватность, предложены сравнительные характеристики удельных и интегральных показателей (рис. 8, 9) пневмодвигателей с золотниковым воздухораспределением (кривая 1) и с самодействующими впускными клапанами (кривые 2 и 3) на базе серийного пневмодвигателя П13-16 (номинальная мощность 13 кВт, число оборотов 1000 об/мин).

Характеристики поршневых пневмодвигателей представляют собой экспериментальные зависимости интегральных показателей: мощности на валу ($N_в$, кВт), удельного расхода воздуха (q, $\frac{\text{м}^3/\text{мми}}{\text{кВт}}$), крутящего момента ($M$, Н·м) от числа оборотов вала двигателя (n , об/мин).

Параметры модернизированного ПД подобраны таким образом, чтобы на номинальной частоте вращения (1000 об/мин), соответствующей прототипу, достигалась требуемая мощность (13 кВт). В отличие от ПД П13, который работает на этой частоте вращения с полным наполнением цилиндра, т.е. без расширения, в предложенном ПД степень отсечки наполнения составляла около 0,5. Это обеспечивало снижение удельного расхода сжатого воздуха примерно на 5% (рис. 9). Снижение мощности у ПД с самодействующим клапаном (кривая 2, рис. 8) на частотах вращения выше номинальной объясняется тем, что с увеличением частоты вращения впускной клапан закрывается раньше, т.е. снижается степень наполнения цилиндра. При снижении частоты вращения происходит некоторый рост (около 5%) мощности из-за увеличения степени наполнения цилиндра, а затем мощность уменьшается, главным образом из-за невысоких значений чисел оборотов. Регулирование предварительного поджатия пружины, либо установка пружин большей жесткости позволяет повысить мощность ПД порядка 15% на номинальных оборотах за счет обеспечения полного наполнения цилиндра (рис. 8 кривая 3) при сохранении удельного расхода сжатого воздуха (рис. 9 кривая 2) на прежнем уровне.

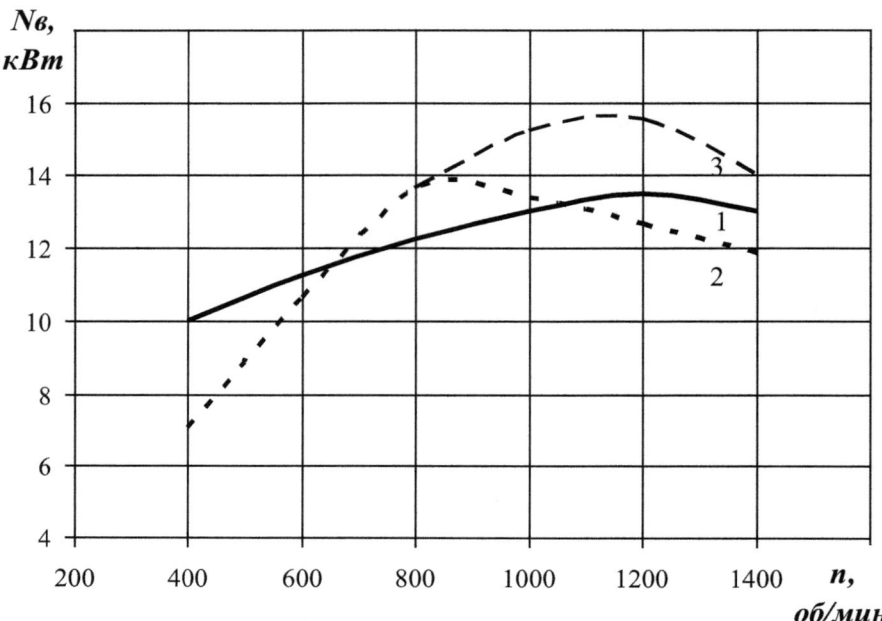

Рис. 8. Характеристика мощности поршневых пневмодвигателей:

1 – базовый пневмодвигатель П13-16 с золотниковым механизмом воздухораспределения; 2 – модернизированный пневмодвигатель с самодействующим впускным клапаном и выпускными окнами; 3 – модернизированный пневмодвигатель с регулированием степени наполнения

Увеличение удельного расхода сжатого воздуха при частотах вращения выше номинальной (рис. 9) у ПД с самодействующим клапаном обусловлено снижением мощности по упомянутым выше причинам, а у ПД с золотником главным образом из-за роста индикаторных и механических потерь.

Из приведенного расчетно-теоретического анализа видно, что ПД с самодействующими клапанами по энергетической эффективности и экономичности могут составить конкуренцию ПД с золотниковой системой воздухораспределения на номинальных режимах и превосходить их на более высоких частотах вращения.

По результатам исследований выполнен эскизный проект ПД с самодействующими клапанами на базе серийного пневмодвигателя П13-16, разработаны рабочие чертежи отдельных узлов и деталей.

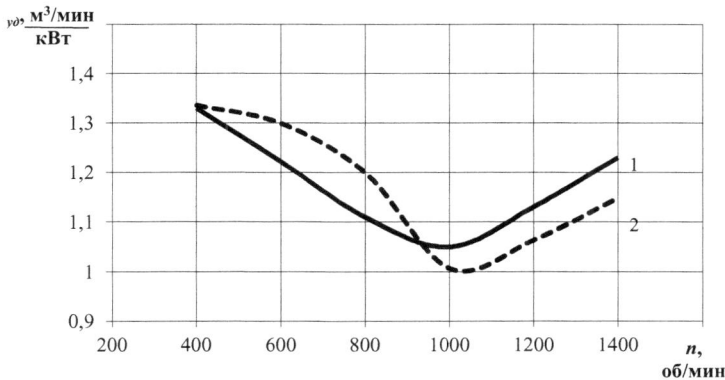

Рис. 9. Характеристика удельного расхода сжатого воздуха поршневых пневмодвигателей:

1 – базовый пневмодвигатель П13-16 с золотниковым механизмом воздухораспределения; 2 – модернизированный пневмодвигатель с самодействующим впускным клапаном и выпускными окнами

Следует заметить, что сделанные выводы касаются ПД с прямоточной схемой воздухораспределения (самодействующий впускной клапан и выпускные окна). Это наиболее простая схема, хотя с точки зрения энергетической эффективности не самая лучшая. Возможно исполнение пневматических двигателей с непрямоточной или комбинированной схемами воздухораспределения. Непрямоточная схема включает самодействующие впускной и выпускной клапаны, размещенные в крышке цилиндра. Комбинированная схема состоит из самодействующих впускного и выпускного клапанов, размещенных в крышке цилиндра и выпускных окон, расположенных в нижней части цилиндра. Экспериментальные исследования комбинированной схема воздухораспределения проведены на стенде с установкой на цилиндр детандерной ступени.

Газодинамическим испытаниям подвергнуты два типа (впускного и выпускного) тарельчатых клапанов детандерной ступени (рис. 10).

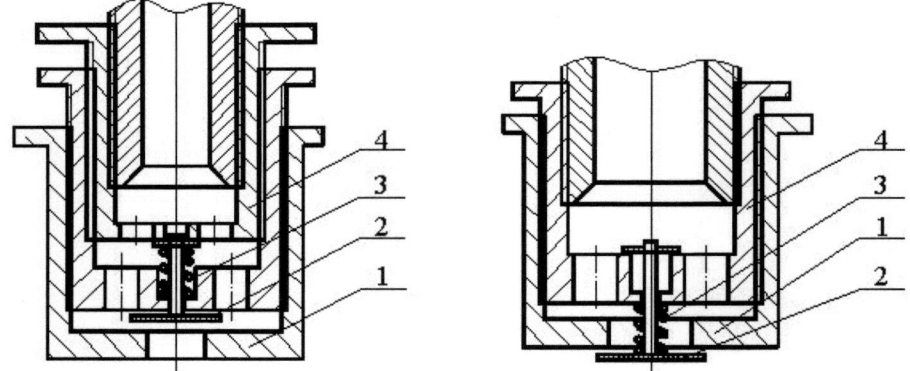

Рис. 10. Конструкции впускного и выпускного тарельчатых клапанов для непрямоточной и комбинированной схем воздухораспределения:
1 – седло; 2 – запорный элемент; 3 – пружина; 4 – ограничитель подъема

4. Результаты исследования газодинамических характеристик самодействующих клапанов поршневых расширительных машин

При разработке и создании поршневых пневмодвигателей, выполнение проектных и поверочных расчетов, в частности, систем воздухораспределения, не обходится без использования достоверной эмпирической информации по газодинамическим характеристикам самодействующих клапанов нестандартных и новых оригинальных конструкций в нормально-открытом исполнении. Газодинамические параметры (коэффициенты давления и расхода) клапанов позволяют свести пространственный и нестационарный процесс течения газового потока через клапаны к стационарному процессу в эквивалентной одномерной системе.

Современный уровень развития вычислительной техники укрепляет тенденцию трехмерного моделирования рабочих процессов в поршневых машинах и, соответственно, динамики движения запорных элементов самодействующих клапанов. Однако, более удобными и надежными в практическом применении, являются одномерные математические модели с сосредоточенными параметрами, которые позволяют обеспечить приемлемую точность расчетов [25].

Характер движения запорных элементов клапанов в моменты их открытия и закрытия, как известно, влияет на процессы наполнения и выталкивания, а, следовательно, на индикаторные потери в цикле.

Наиболее качественно передать характер движения запорных элементов клапанов при моделировании возможно путем уточнения уравнения динамики движения запорных элементов клапанов и уравнения расхода газа через проходные сечения в клапане.

В общем случае, в одномерной постановке, уравнение движения запорных элементов клапанов без учета сил адгезии с масляной пленкой и контактного взаимодействия с поверхностями седла и ограничителя [26,27]:

$$m_{пл} \cdot d^2 h_{пл} / dt^2 = F_г - F_{пр} + G \; , \tag{12}$$

где $m_{пл}$ - масса подвижных частей клапана; $h_{пл}$ - текущая высота подъема запорного элемента; $F_г$ - газовая сила; $F_{пр}$ - сила упругости пружины; G – сила тяжести.

Сила, действующая на запорный элемент со стороны газа определяется разностью давлений в полости перед клапаном и в цилиндре, а действительный перепад давления ΔP учитывается введением коэффициента давления $\rho_д$

$$F_г = (P_п - P_ц) \cdot f \cdot \rho_д \; , \tag{13}$$

где f – характерная площадь, равная либо площади проходных отверстий в седле ($f_с$), либо площади запорного элемента ($f_{пл}$); $P_п$ – давление газа в полости всасывания или нагнетания для компрессорных ступеней (впуска или выпуска для расширительных ступеней); $P_ц$.- давление газа в цилиндре.

Действительный мгновенный расход газа при течении через клапан учитывается введением коэффициента расхода α

$$dm/dt = \alpha \cdot \rho \cdot W_щ \cdot f \; , \tag{14}$$

где ρ, $W_щ$ – соответственно плотность и мгновенная скорость газа в клапане; f – площадь проходных отверстий в седле ($f_с$), либо в щели клапана ($f_щ$).

Коэффициенты давления и расхода принято находить экспериментально в зависимости от соотношения площадей для прохода газа в щели и в седле клапана, с помощью газодинамических продувок клапанов стационарным потоком воздуха.

Следует заметить, что имеющиеся данные по коэффициентам давления и расхода относятся к конкретным типоразмерам клапанов и зависят от геометрических размеров запорных элементов. Такие зависимости получены для клапанов различных типов в ряде организаций: ЛПИ им. Калинина (СПбГТУ), МВТУ им. Баумана (МГТУ), ЛенНИИХимМаш [28, 29].

С целью выдачи рекомендаций по конструктивному совершенствованию самодействующих клапанов компрессорных и расширительных ступеней, в лаборатории ОмГТУ создан стенд стационарных продувок кольцевых и тарельчатых клапанов. Для измерения газовой силы, действующей на запорный элемент клапана, использовался тензометрический способ преобразования силы в электрический сигнал, который посредством АЦП преобразовывался в цифровой и обрабатывался ЭВМ, либо выводился на цифровой регистрирующий прибор.

Получены зависимости для определения коэффициентов давления и расхода кольцевых и тарельчатых клапанов поршневых компрессорных и расширительных машин, которые использовались в математической модели рабочих процессов.

Экспериментальные зависимости коэффициентов давления нормально-открытых клапанов кольцевого и тарельчатого типов представлены на рис. 11. Коэффициенты давления обработаны двумя способами: с отнесением газовой силы к площади f_c (как принято для компрессорных клапанов) и к площади $f_{пл}$ (как удобно при расчете клапанов расширительных машин). На рис. 11 также представлены данные продувок, полученные А.Л. Горбенко [30] для сферических клапанов.

Самодействующие клапаны расширительных машин продувались двумя способами, так называемыми прямым и обратным потоками.

Для прямого потока порядок прохождения основных проходных сечений клапана следующий: щель - седло. Прямой поток воздуха имеет место во впускном клапане в процессе наполнения цилиндра детандера и в выпускном клапане в процессе выталкивания воздуха из цилиндра (рис. 10).

Обратное направление подразумевает противоположное движение газовой среды: седло - щель. Обратный поток воздуха имеет место во впускном клапане в процессе нагнетания (когда давление в цилиндре выше давления во впускной полости).

Аппроксимация полученных значений позволила получить обобщенные зависимости коэффициентов давления нормально открытых тарельчатых и кольцевых клапанов детандерной ступени от отношения $f_щ/f_c$ с отнесением газовой силы к площади $f_{пл}$ в следующем виде:

тарельчатые клапаны

для прямого направления потока

$$\rho_\partial = -0{,}19 \cdot \left(f_щ/f_c \right)^2 + 0{,}1 \cdot \left(f_щ/f_c \right) + 0{,}66 ; \qquad (15)$$

для обратного направления потока

$$\rho_{\partial} = -0,037 \cdot \left(f_{u}/f_{c}\right)^2 - 0,17 \cdot \left(f_{u}/f_{c}\right) + 0,3. \qquad (16)$$

кольцевые клапаны

для прямого направления потока

$$\rho_{\partial} = -0,15 \cdot \left(f_{u}/f_{c}\right)^2 + 0,26 \cdot \left(f_{u}/f_{c}\right) + 0,24; \qquad (17)$$

для обратного направления потока

$$\rho_{\partial} = -0,2 \cdot \left(f_{u}/f_{c}\right)^2 + 0,46 \cdot \left(f_{u}/f_{c}\right) + 0,26. \qquad (18)$$

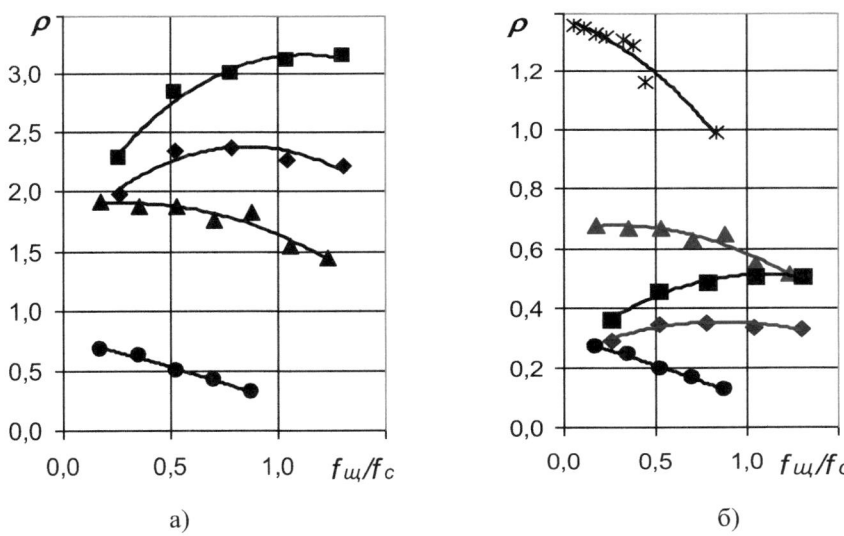

Рис. 11. Зависимости коэффициентов давления нормально-открытых клапанов: а) - с отнесением газовой силы к площади f_c; б) - с отнесением газовой силы к площади $f_{n\pi}$:

◆- кольцевой (прямой поток); ■- кольцевой (обратный поток); ▲- тарельчатый (прямой поток); ● - тарельчатый (обратный поток); ✳ – сферический [30]

Результаты обработки экспериментальных данных для коэффициентов расхода в зависимости от отношения сечений в щели и седле f_{u}/f_c для кольцевых и тарельчатых нормально-открытых клапанов приведены на рис. 12. Экспериментальные кривые качественно соответствуют зависимостям [28, 29] для кольцевых и тарельчатых клапанов, количественные же различия прослеживаются.

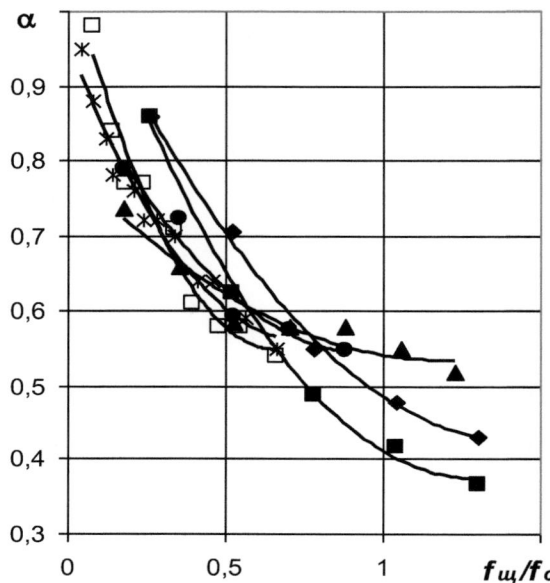

Рис. 12. Зависимости коэффициентов расхода нормально-открытых клапанов: ◆- кольцевой (прямой поток); ■- кольцевой (обратный поток); ▲- тарельчатый (прямой поток); ● - тарельчатый (обратный поток); Ж – сферический (обратный поток); ☐ - сферический (прямой поток)

Аппроксимирующие зависимости для всех исследованных типоразмеров нормально открытых клапанов представлены в следующем виде:

тарельчатые клапаны

для прямого направления потока

$$\alpha = 0{,}55 - 0{,}1 \cdot \ln(f_{u} / f_c) ; \qquad (19)$$

для обратного направления потока

$$\alpha = 0{,}52 - 0{,}16 \cdot \ln(f_{u} / f_c) . \qquad (20)$$

кольцевые клапаны

для прямого направления потока

$$\alpha = 0,5 - 0,22 \cdot \ln(f_{u}/f_{c}) ; \qquad (21)$$

для обратного направления потока

$$\alpha = 0,43 - 0,3 \cdot \ln(f_{u}/f_{c}) . \qquad (22)$$

Полученные зависимости (15)-(22) справедливы в диапазоне изменения $f_{u}/f_{c} = 0 - 1,5$.

Имеющиеся экспериментальные данные по потерям давления в клапане и расходу через него обобщены в виде зависимостей критериев гидродинамического подобия Эйлера и Рейнольдса (рис. 6).

$$Eu = \frac{\Delta P}{\rho \cdot W_{u}^2} ; \qquad \text{Re} = \frac{W_{u} \cdot d_{\text{экв}} \cdot \rho}{\mu} ,$$

где $\Delta P = P_1 - P_2$ - измеренный перепад давления на клапане; W_{u} – скорость газа в щели клапана, определяемая из уравнения сохранения массового расхода, м/с; $\rho = P_1/(R \cdot T_1)$ - плотность газа, определяемая через температуру и давление перед клапаном, кг/м³; μ - коэффициент динамической вязкости газа, определяемый по формуле Сазерленда [28]; $d_{\text{экв}} = 4 \cdot f_{u}/\Pi_{u}$ - эквивалентный диаметр проходного сечения в щели клапана, Π_{u} – периметр щели.

Из графиков на рис. 13 видно, что потери давления в кольцевых клапанах выше, чем в тарельчатых, причем эта тенденция сохраняется независимо от исполнения клапанов (нормально-закрытое или нормально-открытое). Это объясняется, по-видимому, нерациональным использованием площади щели на внутреннем диаметре запорного элемента (рис. 10), которая занята направляющей.

В связи с этим, были получены обобщенные зависимости для исследованных клапанов:

кольцевые клапаны

$$Eu = 4 \cdot 10^{-7} \cdot \text{Re}^{1,43}; \qquad (23)$$

тарельчатые клапаны

$$Eu = 3,5 \cdot 10^{-2} \cdot \text{Re}^{0,34}. \qquad (24)$$

В логарифмической системе координат вид этих обобщающих зависимостей показан на рис. 14.

Пределы применимости полученных критериальных зависимостей (23)-(24) по числу Рейнольдса $\text{Re} = 1 \cdot 10^4 - 1 \cdot 10^5$.

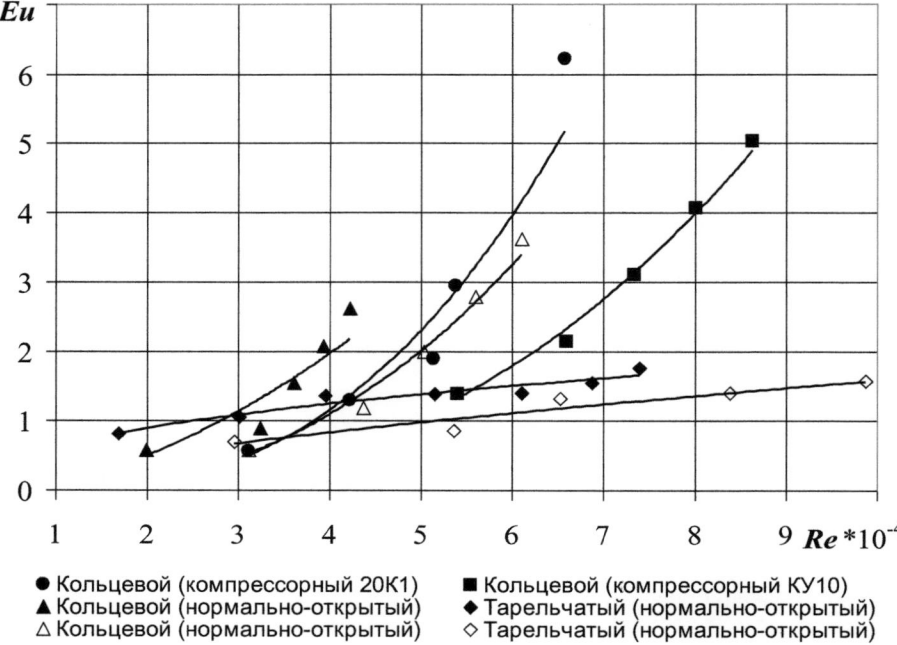

Рис. 13. Обработка статических продувок самодействующих клапанов в критериальном виде

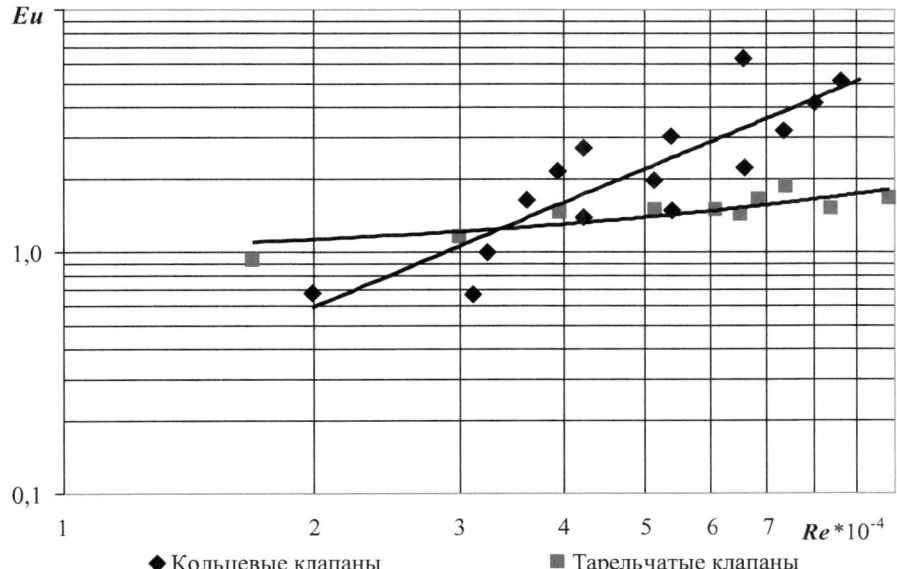

Рис. 14. Обобщенные зависимости $Eu = f(Re)$ для тарельчатых и кольцевых самодействующих клапанов компрессорных и расширительных ступеней

Следует отметить, что представление результатов статических продувок в виде критериев гидродинамического подобия является удобным обобщением экспериментальных данных. К тому же, имеется однозначная связь между коэффициентом расхода, коэффициентом местных сопротивлений [29], а также и критерием Эйлера, что позволяет использовать полученные зависимости (23)–(24) в практике инженерного проектирования и математического моделирования рабочих процессов в поршневых компрессорных и расширительных машинах:

$$\alpha = \frac{1}{\sqrt{\zeta}} \, ; \; Eu = \frac{\Delta P}{\rho \cdot C^2} \Rightarrow \Delta P = \zeta \cdot \frac{\rho \cdot C^2}{2} \Rightarrow \zeta = 2 \cdot Eu \Rightarrow \alpha = \frac{1}{\sqrt{2 \cdot Eu}} \approx 0,7 / \sqrt{Eu} \, .$$

К тому же, зная значения критерия Eu, можно находить действительный перепад давления на клапане и определять значение силы давления газового потока, не прибегая к расчету коэффициента давления.

5. Расчет поршневых пневматических двигателей с золотниковым воздухораспределением

В основу работы поршневых пневмодвигателей могут быть заложены теоретические индикаторные диаграммы, приведенные на рис. 1-6. Выбор того или иного рабочего цикла, реализуемого в пневмодвигателе, зависит от требований экономичности, энергетической эффективности, надежности и т.д.

Исходными данными для проектирования поршневых пневматических двигателей являются:

- мощность на валу пневмодвигателя , $N_в$, кВт;
- начальное давление воздуха, $P_{нач}$, МПа (обычно $P_н = 0,4 - 0,6$ МПа);
- конечное давление воздуха $P_{кон}$, МПа (обычно при наличии глушителя шума $P_{кон} = 0,11 - 0,115$ МПа);
- число оборотов при заданной нагрузке, *n*, об/мин (~ 400 – 1500 об/мин);
- начальная температура воздуха, $T_{нач}$, К (обычно 288 – 303 К).

Порядок расчета.

1. Индикаторная мощность пневмодвигателя.

$$N_{инд} = \frac{N_в}{\eta_{мех} \cdot \eta_{инд}} \text{ , Вт} \qquad (25)$$

где $\eta_{мех} = 0,85 - 0,92$ – механический КПД двигателя;

$\eta_{инд} = 0,5 - 0,8$ – индикаторный КПД, учитывающий близость действительного рабочего цикла двигателя к теоретическому (рис.1–6). Для ориентировочного определения $\eta_{инд}$ можно пользоваться эмпирической зависимостью [7] от частоты вращения вала:

$$\eta_{инд} = 1 - \varsigma \cdot n \cdot K \text{ , } \qquad (26)$$

где $\zeta = 0,0003 - 0,0013$ – коэффициент, зависящий от конструктивных и технологических особенностей двигателя. При этом меньшие значения коэффициента ζ следует принимать для двигателей с более совершенной системой воздухораспределения (с минимальными аэродинамическими потерями). Можно также пользоваться формулой [8], если известны характеристики пневмодвигателя (рис. 7) или его прототипа по кинематической схеме, конструктивным и технологическим решениям:

$$\varsigma = \frac{1}{2 \cdot n_0 \cdot K} \text{ , } \qquad (27)$$

где K – кратность хода (число рабочих ходов в цилиндре двигателя за один оборот вала); n_0 – число оборотов, при котором достигается максимальная мощность на валу (рис. 7).

Обобщения технических характеристик существующих пневмодвигателей позволяют рекомендовать значения ζ и $\eta_{инд}$ [8] в зависимости от отношения хода поршня S к диаметру цилиндра $D_ц$ и схемы воздухораспределения, которые приведены в табл. 3.

Таблица 3

$S/D_ц$	a	$\eta_{инд}$	
		Прямоточная схема	Непрямоточная схема
0,65 – 0,8	0,0008 – 0,0013	0,5 – 0,6	0,65 – 0,8
0,55 – 0,65	0,00035 – 0,0007	0,5 – 0,65	0,65 – 0,8

2. Индикаторная работа.

$$L_{инд} = \frac{60 \cdot N_{инд}}{z_ц \cdot n \cdot K} ,$$ (28)

где $z_ц$ – число цилиндров, выбираемое из конструктивных соображений.

3. Рабочий объем цилиндра пневмодвигателя

$$V_h = V_4 - V_м .$$

Рабочий объем цилиндра находится из приведенных формул для определения индикаторной работы для выбранного рабочего цикла пневмодвигателя (рис. 1-6). Например, для шестипроцессного рабочего цикла, представленного на рис. 1 из формулы (1) получим

$$V_h = \frac{L_{инд} \cdot (n-1)}{(a+1) \cdot \left\{ P_4 \cdot \left[n \cdot \left(\frac{P_2}{P_3} \right)^{\frac{n-1}{n}} - \frac{(n-1) \cdot a}{a+1} \cdot \frac{P_1}{P_3} \right] + P_3 \cdot \frac{a}{a+1} \left[n \cdot \left(\frac{P_5}{P_6} \right)^{\frac{n-1}{n}} - 1 \right] \right\}} .$$ (29)

Для этого необходимо задаться показателем политропы $n = 1,3 - 1,4$. При больших скоростях вращения вала (1000 – 1500 об/мин), а также в случае сухого воздуха теплообмен между рабочим телом и стенками цилиндра незначителен и термодинамические процессы расширения и сжатия с достаточной степенью точности можно считать адиабатными, а показатель процесса равным показателю адиабаты: $n = k = 1,4$. В случае влажного воздуха процесс расширения может происходить с конденсацией пара и освобождением внутренней теплоты парообразования, а процесс сжатия – с испарением воздуха и затратой теплоты на парообразование. В результате этого процессы смещаются ближе к изотермическому и показатель процесса может принимать значения $n = 1,3$.

Рекомендуемые [8] значения относительного «мертвого» объема лежат в пределах: $a = 0,09 - 0,12$.

Задаются значениями абсолютных давлений:

- $P_1 = P_{нач}$;

- при допущении отсутствия потерь давления воздуха в процессе наполнения $P_2 = P_1 = P_{нач}$;

- давление в конце расширения ограничивается допустимым значением конечной температуры воздуха $T_3 = 233 - 243$ К и определяется по уравнению

$$P_3 = P_2 \left(\frac{T_3}{T_2} \right)^{\frac{n}{n-1}};$$

- $P_4 = P_{кон}$;

- при допущении отсутствия сопротивления движению воздуха в процессе выталкивания $P_5 = P_4$;

- рекомендуемое давление в конце сжатия $P_6 = \dfrac{P_1 + P_5}{2}$. При работе двигателя с высокой степенью расширения и при низкой температуре внешней среды существует опасность обледенения воздухораспределительных устройств. В этом случае принимают $P_6 = P_1$, что приводит к повышению температуры в верхней части цилиндра, однако эта мера связана с уменьшением полезной работы.

Другой способ расчета рабочего объема цилиндра, например, для того же рабочего цикла (рис. 1), состоит в использовании формулы (2)

$$V_h = \frac{L_{инд}}{P_1 \cdot (a+1) \cdot \left[\dfrac{\delta - \delta^n}{n-1} + \delta - \dfrac{a}{a+1} - \dfrac{1}{\pi} \cdot \left(\dfrac{\varepsilon^n \cdot \left(\dfrac{a+1}{a} \right)^{n-1} - \varepsilon}{n-1} - \varepsilon + 1 \right) \right]} . \quad (30)$$

Для расчета V_h по формуле (30) необходимо задаться степенью наполнения в пределах $\delta = 0,5 - 1,0$ и степенью обратного сжатия $\varepsilon = 0 - 0,5$.

4. Размеры цилиндра пневмодвигателя.

Выбирается рекомендуемое отношение $S/D_ц = 0,55 - 0,8 \ (1,1)$ и определяется диаметр цилиндра

$$D_ц = \sqrt[3]{\frac{4 \cdot V_h}{(S/D_ц) \cdot \pi}} \quad , \text{м}.$$

(31)

Ход поршня: $S = (S/D_ц) \cdot D_ц$, м.

Площадь поршня: $F_n = \frac{\pi \cdot D_ц^2}{4}$, м^2 .

5. Проектирование золотникового воздухораспределительного устройства.

Воздухораспределительное устройство поршневых пневмодвигателей замыкает рабочие камеры и сообщает их с линиями высокого и низкого давления в функции от угла поворота кривошипа. Воздухораспределение может быть выполнено по прямоточной и непрямоточной схемам (рис. 15). Непрямоточная система образована корпусом 1, распределительной коробкой 2, к которой подходят линии высокого и низкого давления и распределительным валом (золотником). Прямоточная система образована распределительной коробкой, к которой подключена только линия высокого давления, цилиндром 4 с выхлопными окнами и поршнем 5. С целью реверсирования пневмодвигателя линии высокого и низкого давления могут переключаться распределителем 8.

Для обеспечения реверсирования в случае непрямоточной схемы золотник выполняется трехканальным (рис. 16), а в случае прямоточной схемы – двухканальным.

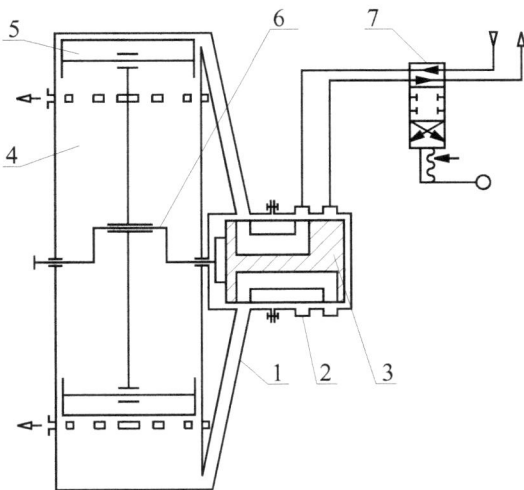

Рис. 15. Схема принудительного воздухораспределения пневмодвигателей

31

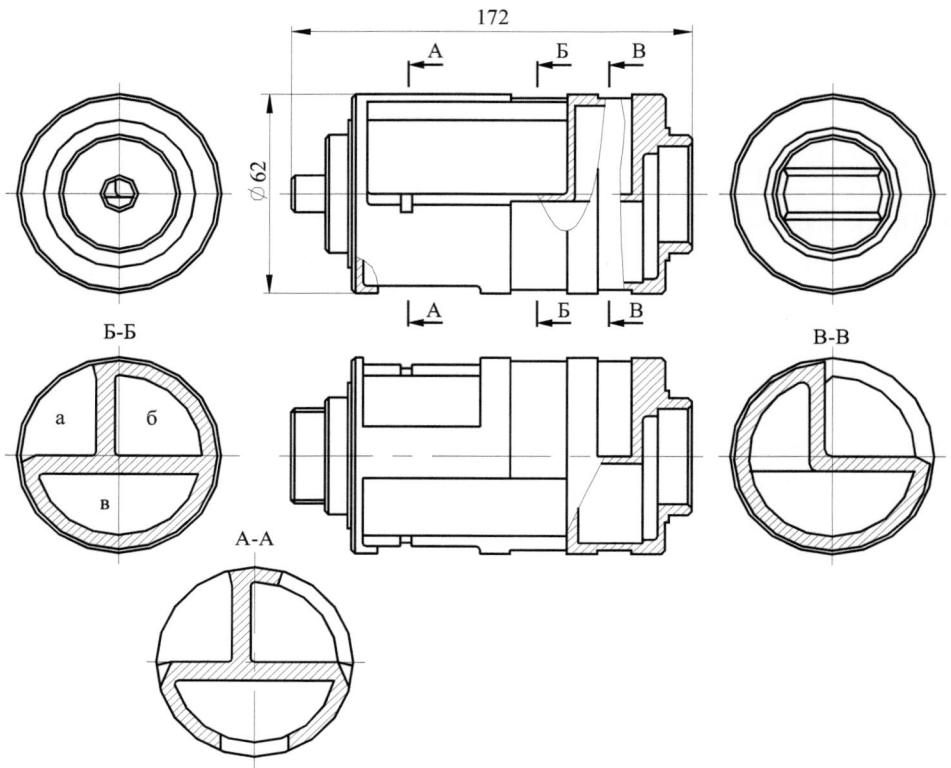

Рис. 16. Трехканальный золотник пятицилиндрового пневмодвигателя

Воздухораспределительный золотник (рис. 16) имеет три продольных канала с окнами. Два глухих канала «а» и «б» (рис. 16) снабжены каждый двумя окнами, выходящими на боковую поверхность золотника. Третий, более широкий канал «в» имеет только одно окно на боковой поверхности золотника, но в то же время он имеет окно с торца. Один из глухих каналов служит для наполнения, другой – для выталкивания (при реверсировании они меняются ролями). Третий – открытый с торца, предназначен только для выхлопа в атмосферу. Золотниковая втулка, в которой вращает золотник, снабжается окнами, расположенными по окружности в соответствии с расположением цилиндров, а также окнами для подвода сжатого и отвода отработавшего воздуха. Взаимное совпадение окон золотника и втулки при вращении вала двигателя обеспечивает определенную фазу воздухораспределения (рис. 18). Циклограмма открытия и закрытия окон одинакова для всех цилиндров.

5.1. Максимальная площадь проходного сечения каналов золотника.

Площадь проходного сечения каналов золотника изменяется при изменении объема цилиндра. Максимальная площадь находится из уравнения неразрывности

$$f_{max} = \frac{F_n \cdot C_n}{W_{г.щ}} \text{ , м}^2 \text{ .} \qquad (32)$$

где $C_n = K \cdot \dfrac{S \cdot n}{30}$ - средняя скорость поршня, м/с; $W_{г.щ.}$ – скорость воздуха в каналах золотника (обычно на более 40 м/с).

5.2. Текущая площадь проходного сечения каналов золотника.

Изменение площади проходного сечения связано со взаимным пересечением неподвижного окна, ведущего в канал цилиндра, и подвижного окна, сообщающегося с впускной или выпускной полостью.

Практическое применение имеют окна двух форм – прямоугольные и круглые. На рис. 17 показаны схемы совмещения прямоугольного и круглого окон (рис. 17 а), двух круглых окон (рис. 17 б). Целесообразно совмещение круглых окон одинаковых диаметров, т.к. при окнах разных диаметров увеличиваются габаритные размеры воздухораспределительного устройства, либо сокращается площадь поперечного сечения канала. Заштрихованная площадь f ограничена дугой окружности круглого окна и прямой кромкой прямоугольного окна или двумя дугами круглых окон. Площадь f может быть найдена интегрированием уравнения дуги окружности диаметром d, проходящей через начало координат, центр которой лежит на оси абсцисс: $y = \pm\sqrt{(0{,}5 \cdot d)^2 - (x - 0{,}5 \cdot d)^2}$:

$$f = 2 \cdot \int_0^h y\,dx = 0{,}125 \cdot d^2 \cdot \arcsin \frac{h}{0{,}5 \cdot d} + 0{,}125 \cdot \pi \cdot d^2 + (h - 0{,}5 \cdot d) \cdot \sqrt{h \cdot (d - h)} \text{ .} \quad (33)$$

Площадь проходного сечения, образуемая совмещением двух одинаковых по диаметру выхлопных окон, определяется по формуле

$$f = 0{,}25 \cdot d^2 \cdot \arcsin \frac{h - d}{d} + 0{,}25 \cdot \pi \cdot d^2 + 0{,}5 \cdot (h - d) \cdot \sqrt{h \cdot (2 \cdot d - h)} \text{ .} \qquad (34)$$

Диаметр окон втулки золотника d, входящий в формулы (33) и (34) определяют исходя из обеспечения условия (32): $d = \sqrt{4 \cdot f_{max} / \pi}$

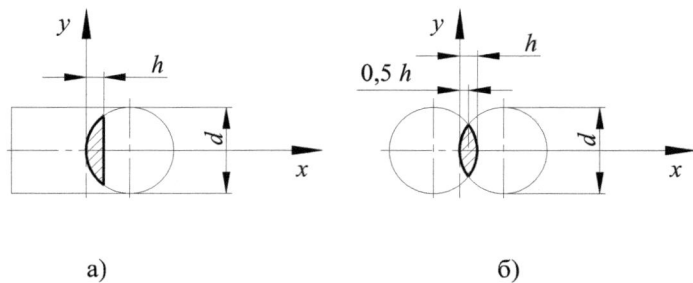

а)   б)

Рис. 17. Схема проходного сечения при совмещении окон золотника и золотниковой втулки: а) прямоугольного и круглого; б) двух круглых

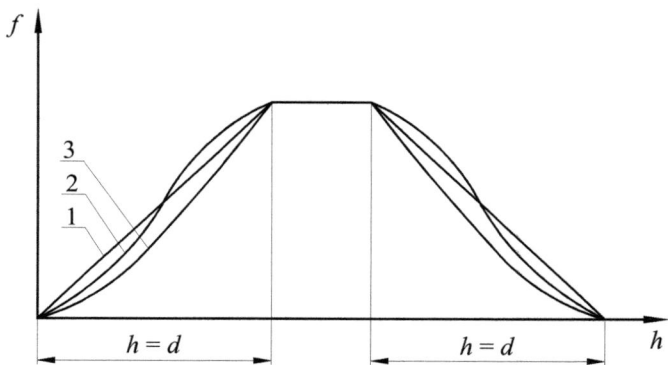

Рис. 18. Диаграмма изменения площади проходного сечения при совмещении окон различной формы: 1- прямоугольных окон; 2 – прямоугольного и круглого; 3 – двух круглых

Зависимости (33) и (34) получены при допущении, что при развертке на плоскость цилиндрических поверхностей золотника и золотниковой втулки сохраняется вид окружности кромки окна. Погрешность, вызванная отклонением площади эллипса от площади круга составляет до 3,5% для существующих конструкций золотников [3].

При совмещении окон прямоугольной формы проходное сечение f линейно зависит от h (рис. 17), а диаграмма имеет вид трапеции. При совмещении прямоугольного и круглого окон боковые стороны диаграммы имеют выпукло-

34

вогнутый вид, а при сочетании круглых окон – вогнутый. Наиболее выгодной следует считать прямоугольную форму окон, не задерживающую роста проходного сечения.

В установившемся режиме работы пневмодвигателя, т. е. когда угловая скорость ω постоянна, перемещение окна h пропорционально времени t

$$h = \varphi \cdot 0,5 \cdot d_{з} = \omega \cdot t \cdot 0,5 \cdot d_{з} = \pi \cdot n \cdot t \cdot d_{з}/60, \qquad (35)$$

где $d_{з}$ – внешний диаметр золотника, м; φ - текущий угол поворота коленчатого вала, рад.

Внешний радиус золотника выбирается в соответствии с существующим прототипом пневмодвигателя. Размеры золотника для пневмодвигателя мощностью 7,5 кВт показаны на рис 16.

5.3. Построение циклограммы время – сечение каналов золотникового устройства.

Наглядное представление об изменении проходного сечения во время движения окон золотника под окнами втулки золотника дают циклограммы (рис. 19), построенные в координатах время (или угол поворота вала) – площадь проходного сечения совпавших окон.

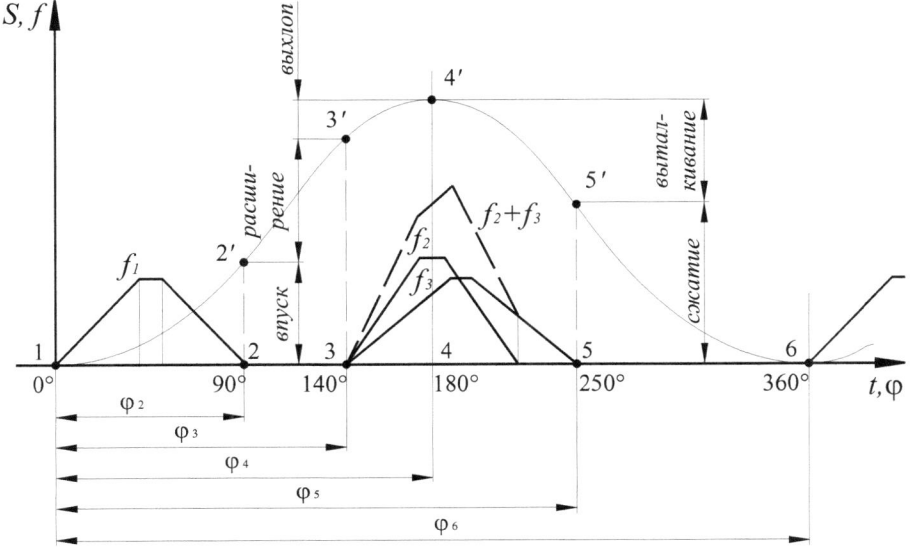

Рис. 19. Зависимость проходных сечений впускных f_1, выхлопных f_2 и выпускных f_3 окон и перемещения поршня от времени или угла поворота кривошипа

35

Для построения циклограммы на ось абсцисс наносятся характерные точки выбранного теоретического цикла (рис. 1-6), от которых ведется построение графиков изменения проходных сечений: f_1 – впуска и наполнения, f_2 – выхлопа, f_3 – выталкивания для заданной частоты вращения вала кривошипа.

Угол поворота коленчатого вала φ_2, при котором производится отсечка цилиндра от полости впуска, находится из формулы

$$V_2 = \frac{\pi \cdot D_ц^2}{4} \cdot \frac{S}{2} \cdot (1 + 2 \cdot a + \frac{\lambda_ш}{4} - cos\ \varphi - \frac{\lambda_ш}{4} \cdot cos\ 2 \cdot \varphi), \qquad (36)$$

а объем цилиндра V_2 - учитывая заданную степень наполнения δ

$$V_2 = \delta \cdot V_h \cdot (1 + a),$$

где $\lambda_ш = 0,5 \cdot S / l_ш$ - отношение радиуса кривошипа к длине шатуна $l_ш$ (принимается 0,1-0,2).

Аналогично находится угол поворота вала φ_5, соответствующий концу процесса выталкивания, зная степень отсечки обратного сжатия ε

$$V_5 = \varepsilon \cdot V_h \cdot (1 + a);$$
$$V_5 = 0,5 \cdot (1 - cos\varphi_5 + 0,5 \cdot \lambda_ш \cdot \sin^2 \varphi_5) . \qquad (37)$$

На рис. 19 совестно с графиком изменения проходных сечений построен график перемещения поршня во времени по зависимости

$$S(t) = \frac{S}{2} \cdot \left(1 + \frac{\lambda_ш}{4} - \cos\varphi - \frac{\lambda_ш}{4} \cdot \cos 2\varphi\right). \qquad (38)$$

6. Крутящий момент на валу двигателя.

$$M = N / \omega \ , \text{Н·м} \qquad (39)$$

где $\omega = \pi \cdot n / 30$ - угловая скорость вращения вала, рад/с.

7. Требуемый расход сжатого воздуха.

$$\overline{V} = z_ц \cdot F_n \cdot S \cdot n \cdot \delta \ , \text{м}^3/\text{мин} . \qquad (40)$$

8. Удельный расход сжатого воздуха.

$$q_{уд} = \frac{\overline{V}}{N_в} \ , \frac{\text{м}^3/\text{мми}}{\text{кВт}} .$$

6. Расчет поршневых пневматических двигателей с самодействующими системами воздухораспределения

Использование в системе воздухораспределения поршневого пневмодвигателя самодействующего впускного клапана вместо золотника позволяет уменьшить габариты, массу и металлоемкость двигателя при сохранении на том же уровне КПД и удельной мощности (удельного расхода сжатого воздуха).

Самодействующая система воздухораспределения может быть организована по трем схемам: 1) прямоточная; 2) непрямоточная; 3) комбинированная. Прямоточная схема воздухораспределения предполагает наличие самодействующего впускного клапана и выхлопных окон круглой или прямоугольной формы, расположенных в нижней части цилиндра. Непрямоточная схема включает в себя самодействующие впускной и выпускной клапаны, расположенные в верхней части цилиндра пневмодвигателя. В комбинированной схеме выпуск отработавшего воздуха осуществляется как через выпускной клапан, так и через выхлопные окна. Такая организация системы воздухораспределения приводит к энергетически более выгодному рабочему циклу, при некотором усложнении конструкции пневмодвигателя.

Ниже будет рассмотрен расчет пневмодвигателя с прямоточной схемой воздухораспределения, расчетная схема которого показана на рис. 20.

Теоретический рабочий цикл пневмодвигателя с самодействующим клапаном (рис. 21) целесообразнее рассмотреть отдельно от рабочих циклов, которые могут быть реализованы в пневмодвигателях с принудительным воздухораспределением (рис. 1-6). Это связано с тем, что обеспечение фаз воздухораспределения происходит из-за наличия перепада давления над клапаном и под ним. Поэтому процесс наполнения 1-2 протекает с понижением давления, процесс впуска 6-1 происходит либо при давлении в цилиндре большем, чем давление во впускной полости, либо может отсутствовать вовсе (в этом случае точки 1 и 6 совпадают). «Пережатие» воздуха в цилиндре происходит из-за необходимости создания давления большего, чем давление во впускной полости для обеспечения открытия клапана до прихода поршня в ВМТ. Подобные диаграммы с «пережатием» можно наблюдать в пневмоагрегатах со свободным движением поршня, например, в отбойных молотках.

Пневмодвигатель (рис. 20) работает следующим образом. Сжатый воздух поступает в цилиндр 1 через нормально–открытый впускной клапан. Поршень 2 при этом находится в верхней мертвой точке (ВМТ) и выпускные окна 3 перекрыты. При истечении воздуха в зазоре между седлом 4 и запорным элементом 5 клапана происходит процесс наполнения 1-2 (рис. 13), сопровождающийся ростом перепада давлений над запорным элементом и под ним. В точке $2'$ разность давлений достигает такой величины, когда газовая сила превышает силу упругости пружины клапана. В этот момент запорный элемент клапана отрывается от ограничителя 6 и начинает двигаться к седлу 4. Высота подъема клапана убывает от $h=h_{max}$ до $h=0$, что сопровождается дальнейшим ростом перепада давлений. Клапан, преодолевая упругие силы пружины 7, закроется, перекрыв истечение сжатого воздуха в цилиндр. Если клапан остается открытым в течение всего хода поршня, то давление в цилиндре описывается кривой 1-2-7. Попавшая в цилиндр порция воздуха оказывает давление на поршень и при его перемещении расширяется с совершением работы, т.е. осуществляется процесс расширения 2-3 (рис. 21). При открытии торцом поршня 2 вблизи нижней мертвой точки (НМТ) выпускных окон 3, происходит процесс выхлопа 3-4 в атмосферу расширившегося охлажденного воздуха, который заканчивается полностью при достижении поршнем НМТ. Обратное перемещение поршня происходит за счет энергии, накопленной маховиком, при этом, пока выпускные окна еще открыты, идет процесс выталкивания 4-5 части воздуха в атмосферу. В точке 5 выпускные окна перекрываются поршнем и начинается сжатие 5–6 оставшегося в цилиндре воздуха, давление растет. С приближением поршня к ВМТ достигается равенство давлений в цилиндре и впускной полости, в этот момент клапан впуска за счет упругости пружины открывается. Если поршень к концу полного открытия клапана еще не дошел до ВМТ, давление в цилиндре становится выше, чем на входе, за счет газодинамического сопротивления каналов клапана и происходит нагнетание $6'$-1 воздуха в полость впуска. В точке 1 процесс нагнетания заканчивается и цикл повторяется.

Рабочий цикл поршневого пневмодвигателя для удобства практических расчетов удобно представлять в координатах давление - ход поршня (P-S) или давление - относительный ход поршня (P-C). Относительный ход поршня C представляет собой отношение текущего хода поршня в характерных точках цикла к полному ходу поршня S. Такая диаграмма представлена на рис. 22 и ее площадь также пропорциональна индикаторной работе пневмодвигателя.

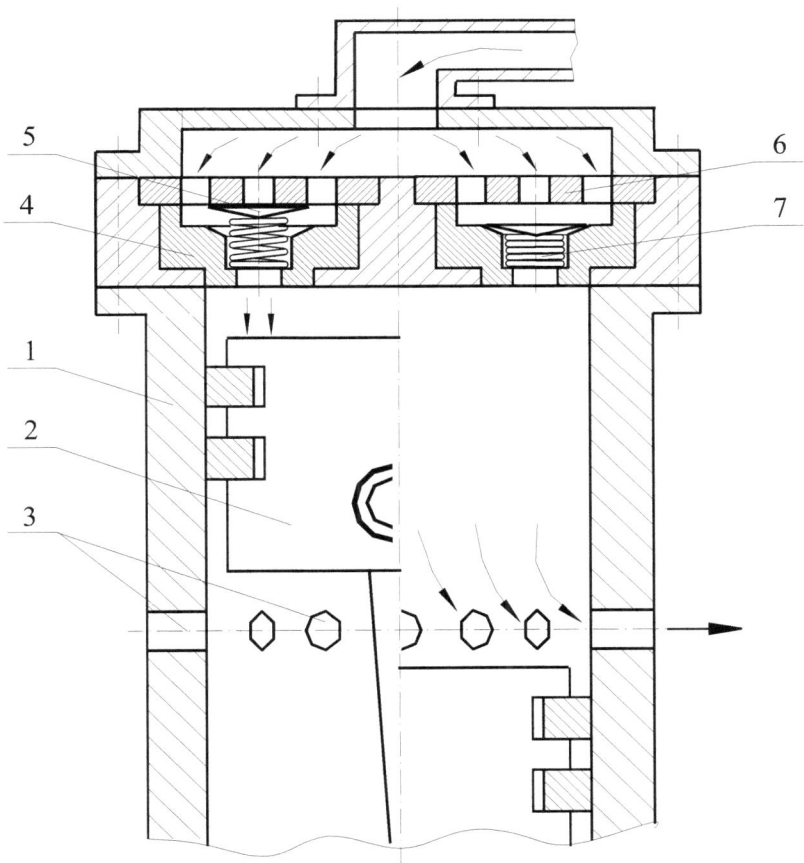

Рис. 20. Схема работы пневмодвигателя с самодействующим клапаном и выхлопными окнами (прямоточная система воздухораспределения)

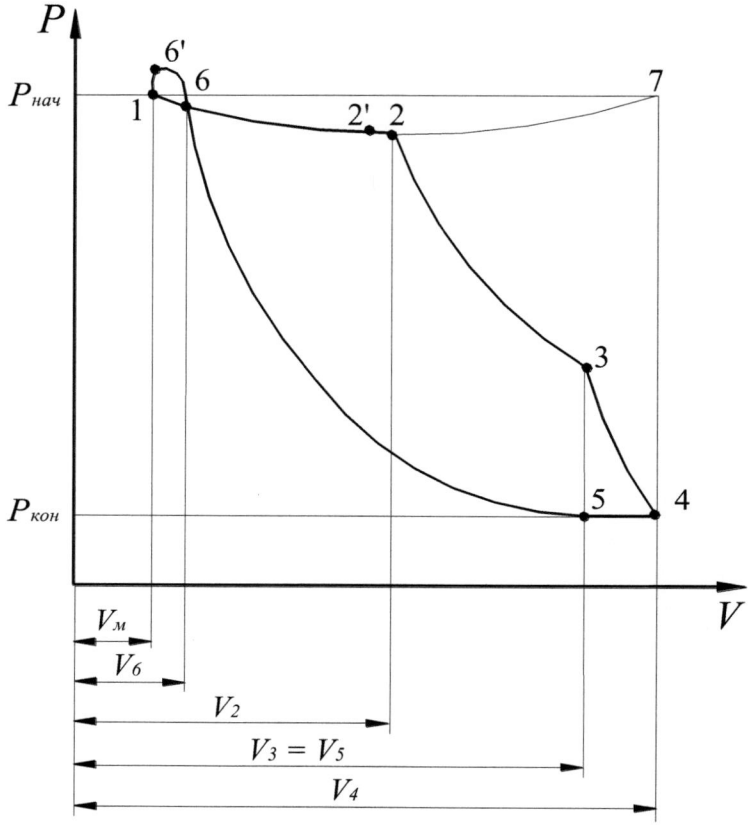

Рис. 21. Теоретическая индикаторная диаграмма поршневого пневмодвигателя с самодействующим впускным клапаном и выпускными окнами

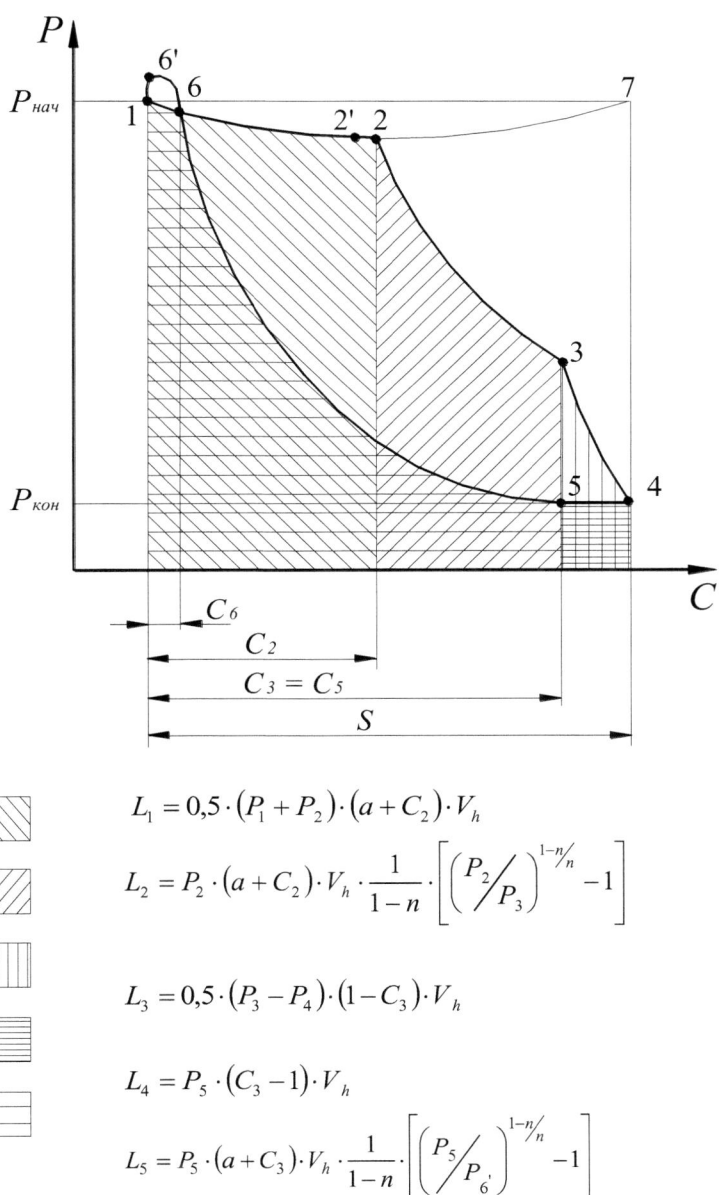

$$L_1 = 0{,}5 \cdot \left(P_1 + P_2\right) \cdot \left(a + C_2\right) \cdot V_h$$

$$L_2 = P_2 \cdot \left(a + C_2\right) \cdot V_h \cdot \frac{1}{1-n} \cdot \left[\left(P_2 \big/ P_3\right)^{1-n/n} - 1\right]$$

$$L_3 = 0{,}5 \cdot \left(P_3 - P_4\right) \cdot \left(1 - C_3\right) \cdot V_h$$

$$L_4 = P_5 \cdot \left(C_3 - 1\right) \cdot V_h$$

$$L_5 = P_5 \cdot \left(a + C_3\right) \cdot V_h \cdot \frac{1}{1-n} \cdot \left[\left(P_5 \big/ P_{6'}\right)^{1-n/n} - 1\right]$$

Рис. 22. Теоретическая индикаторная диаграмма в координатах *P-C*

41

Исходные данные для проектирования.

- мощность на валу пневмодвигателя , $N_в$, кВт;
- начальное давление воздуха, $P_{нач}$, МПа (обычно $P_{нач} = 0{,}4 - 0{,}6$ МПа);
- конечное давление воздуха $P_{кон}$, МПа (обычно $P_{кон} = 0{,}11 - 0{,}115$ МПа);
- число оборотов при заданной нагрузке, n, об/мин (~ 400 – 1500 об/мин);
- начальная температура воздуха, $T_{нач}$, К (обычно 288 – 303 К).
- объемный расход сжатого воздуха при условиях на входе в пневмодвигатель, $\overline{V}_{нач}$, м³/мин.

Порядок расчета.

1. Индикаторная мощность пневмодвигателя.

В данной методике учтены индикаторные потери в рабочем цикле поршневого пневмодвигателя в процессах наполнения и нагнетания (впуска), поэтому

$$N_{инд} = \frac{N_в}{\eta_{мех}} \cdot \text{ , Вт}$$

где механический КПД $\eta_{мех} = 0{,}88 - 0{,}98$, что несколько выше, чем у пневмодвигателей с золотниковым воздухораспределением, у которых добавляются потери на трение во вращающейся паре золотник-втулка золотника.

2. Индикаторная работа.

$$L_{инд} = \frac{60 \cdot N_{инд}}{z_ц \cdot n} \text{ , Дж}$$

число цилиндров $z_ц$ задается из конструктивных соображений.

3. Плотность воздуха на входе в пневмодвигатель.

Из уравнения состояния совершенного газа

$$\rho_{нач} = \frac{P_{нач}}{R \cdot T_{нач}}, \text{ кг/м}^3.$$

4. Относительный ход поршня в момент открытия впускного клапана.

В соответствии с кинематикой кривошипно-шатунного механизма, аналогично формуле (38)

$$C_6 = 0{,}5 \cdot \left(1 - cos\,\varphi_6 + 0{,}5 \cdot \lambda_ш \cdot \sin^2 \varphi_6\right), \tag{41}$$

где $\lambda_ш = 0{,}1\text{-}0{,}2$; $\varphi_6 = 350 - 360°$ - угол поворота вала, соответствующий открытию впускного клапана.

5. Относительный ход поршня в конце процесса расширения (в момент открытия выпускных окон).

$$C_3 = 0{,}5 \cdot \left(1 - cos\,\varphi_3 + 0{,}5 \cdot \lambda_ш \cdot \sin^2 \varphi_3\right), \tag{42}$$

угол φ_3 принимается в пределах 135 - 155°. Рекомендации по выбору параметра C_3 обусловлены тем, что, во-первых, слишком раннее начало выхлопа может происходить при сверхкритическом режиме течения, а давления в конце процесса обратного сжатия может оказаться недостаточно для открытия впускного клапана; во-вторых, из-за позднего начала выхлопа в цилиндре останется большое количество воздуха, а следовательно, возрастет работа обратного сжатия.

6. Относительный ход поршня в конце процесса наполнения (в момент закрытия впускного клапана).

При проектировании новой машины, когда еще не известны размеры цилиндра, параметр C_2 может быть определен из условия не превышения номинального поршневого усилия базы пневмодвигателя

$$C_2 = \frac{2 \cdot \overline{m} \cdot (P_{нач} - P_a)}{\rho_{нач} \cdot z_ц \cdot C_n \cdot P_{ном}} + C_6 , \qquad (43)$$

где $\overline{m} = \rho_{нач} \cdot \overline{V}$ - массовый расход воздуха через пневмодвигатель, кг/с;

C_n - средняя скорость поршня, м/с;

$P_{ном}$ – номинальное поршневое усилие, допускаемое для базы пневмодвигателя, Н.

В случае использования для создания пневмодвигателей баз поршневых компрессоров, можно пользоваться данными по номинальным поршневым усилиям, приведенными в литературе по компрессорной технике, например в [20]. Если данные по $P_{ном}$ отсутствуют, оно может быть определено при наличии прототипа проектируемого пневмодвигателя как $P_{ном} = (P_{нач} - P_{атм}) \cdot F_n$, Н.

В тех случаях, когда размеры цилиндра уже известны, параметр C_2 может быть определен следующим образом

$$C_2 = \frac{\overline{m}}{\rho_{нач} \cdot z_ц \cdot V_h \cdot n} + C_6, \qquad (44)$$

где V_h – объем, описанный поршнем, м³ .

В случае отсутствия сведений о прототипе и неизвестных размерах цилиндра пневмодвигателя параметр C_2 может быть задан. При работе с расширением $C_2 = 0,3 - 0,65$; без расширения, т.е. когда процесс наполнения заканчивается с моментом открытия выпускных окон $C_2 = 0,7 - 0,9 = C_3$.

7. Проектирование выпускных окон.

Выпускные окна могут быть выполнены в виде отверстий круглой или прямоугольной формы (рис. 23).

7.1. Осевой размер выхлопных окон d_0 находится из соотношения:

$$d_0 = S \cdot (1 - C_3) - \Delta_0 \ , \text{м} \ , \tag{45}$$

где $\Delta_0 = (1 - 8) \cdot 10^{-3}$ м – расстояние от торца поршня до первого поршневого кольца.

7.2. Число выхлопных окон.

$$z_o = \frac{\pi \cdot D_\text{ц}}{a_0 + b_0}, \tag{46}$$

где b_0 – размер выхлопных окон в плоскости, перпендикулярной оси цилиндра, м; a_0 - минимально допустимое расстояние между кромками выхлопных окон по внутреннему диаметру цилиндра, м.

Размер $a_0 = (1,5 - 2) \cdot 10^{-3}$ м - задается из соображений допустимой прочности перемычки между отверстиями.

При круглых и квадратных окнах $b_0 = d_0$; для прямоугольных окон размер b_0 выбирается конструктивно.

7.3. Максимальное суммарное сечение выхлопных окон F_Σ при известных размерах выхлопных окон.

- для круглых окон: $F_\Sigma = z_0 \cdot \pi/4 \cdot d_0^2$, $(b_0 = d_0)$;

- для прямоугольных окон: $F_\Sigma = z_0 \cdot d_0 \cdot b_0$.

8. Относительный «мертвый» объем.

Максимальная величина относительного «мертвого» пространства, при которой обеспечивается гарантированное открытие впускного клапана, определяется из условия адиабатного процесса обратного сжатия

$$a_\text{max} = \frac{C_3 - C_6 \cdot \left(P_\text{нач}/P_\text{кон}\right)^{1/k}}{\left(P_\text{нач}/P_\text{кон}\right)^{1/k} - 1} \ . \tag{47}$$

В начальный момент процесс обратного сжатия происходит с подводом тепла к рабочему телу из окружающей среды ($n > k$). С приближением к ВМТ, температура воздуха растет, и теплота отводится от воздуха в окружающую среду ($n < k$). В среднем, можно считать процесс обратного сжатия адиабатным ($n = k$). Действительную величину относительного «мертвого» объема рекомендуется несколько занижать по отношению к a_max , принимая $a = (0,6 - 0,9) \cdot a_\text{max}$.

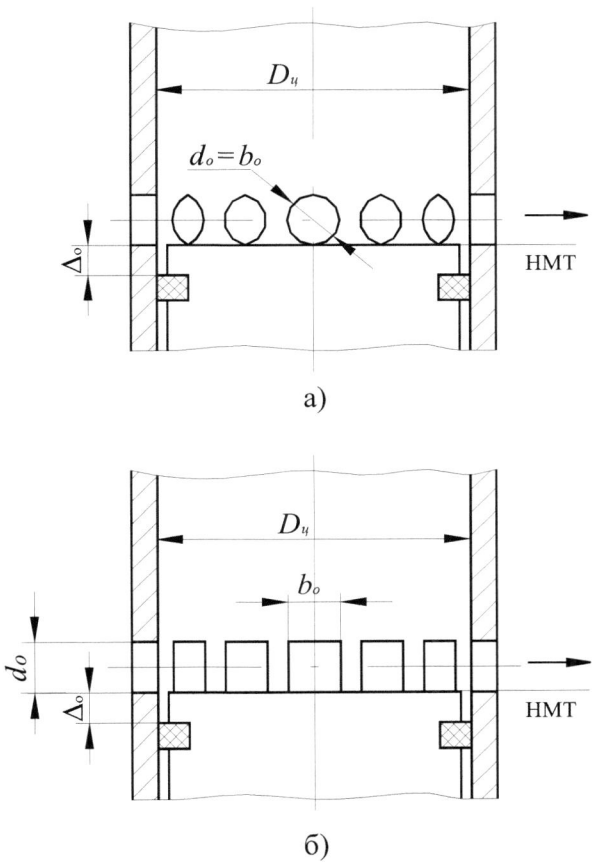

Рис. 23. Исполнение выпускных окон:
а) круглой формы; б) прямоугольной формы

9. Углы поворота вала, соответствующие характерным точкам рабочего цикла пневмодвигателя.

- $\varphi_1 = 0°$ (поршень в ВМТ);

- φ_2 находится из уравнения $\varphi_2 = \arccos\left(1 - 2 \cdot C_2 + \dfrac{\lambda_{ш}}{2} \cdot \sin^2 \varphi_2\right)$ итерационно;

- φ_3 берется из пункта 5 (открытие выхлопных окон);

- $\varphi_4 = 180°$ (поршень в НМТ);

- $\varphi_5 = 360° - \varphi_3$ (перекрытие поршнем выхлопных окон при движении к ВМТ);

- φ_6 находится также итерационно.

10. Давление газа в характерных точках рабочего цикла.

10.1.   <u>Точка 1.</u> Начало цикла. Поршень пневмодвигателя в ВМТ. Впускной клапан открыт. $P_1 = P_{нач}$, $T_1 = T_{нач}$.

10.2.   <u>Точка 2.</u> Конец процесса наполнения. Давление в цилиндре определяется величиной потерь ΔP_2 в процессе наполнения:

$$P_2 = P_{нач} - \Delta P_2 \; ; \quad \Delta P_2 = \aleph_2 \cdot P_{нач} ,$$

где $\aleph_2$ – относительная величина потерь давления в щели клапана [20].

$$\aleph_2 = \frac{k \cdot \pi^2}{8} \cdot \left[M_н \cdot \left(\sin \varphi_2 + \frac{\lambda_{ш}}{2} \cdot \sin 2 \cdot \varphi_2 \right) \right]^2 , \qquad (48)$$

где $M_н$ - критерий скорости потока воздуха, который представляет собой отношение скорости воздуха в щели клапана к скорости звука

$$M_н = \frac{W_{г.щ}}{\sqrt{k \cdot R \cdot T}} .$$

Величина $M_н$ задается в допустимых пределах $M_н \leq 0{,}15 - 0{,}22$. Следует заметить, что критерий скорости $M_н$ равен числу Маха только в том случае, если скорость $W_{г.щ}$ равна действительной скорости потока воздуха в щели клапана.

Относительные потери давления, рассчитанные по формуле (48) не должны превышать 2 - 4% от начального давления ($\aleph_2 \leq 0{,}02 - 0{,}04$).

10.3.   <u>Точка 3.</u> Задаваясь показателем политропы процесса расширения ($n = 1{,}2 - 1{,}3$), либо при допущении адиабатного процесса расширения, давление и температура в конце этого процесса :

$$P_3 = P_2 \cdot \left(\frac{a + C_2}{a + C_3} \right)^n \; ; \quad T_3 = T_2 \cdot \left(P_3 \Big/ P_2 \right)^{\frac{n-1}{n}} .$$

10.4. <u>Точки 4 и 5.</u> Конец процессов выхлопа и выталкивания, соответственно. При правильно выбранных сечениях выпускных окон давления воздуха в точках 4 и 5 приблизительно равны между собой и равны конечному :

$$P_4 \approx P_5 \approx P_{кон} ; \quad T_4 = T_3 \cdot \left(P_4 \Big/ P_3 \right)^{\frac{n-1}{n}} ; \quad T_5 \approx T_4 .$$

10.5. <u>Точка 6.</u> Конец процесса обратного сжатия и начало открытия впускного клапана:

$$P_6 \approx P_{нач} ; \quad T_6 = T_5 \cdot \left(P_6 \Big/ P_5 \right)^{\frac{k-1}{k}} .$$

10.6. <u>Точка 6′.</u> Полное открытие впускного клапана:

$$P_{6'} = (1{,}0 - 1{,}1) \cdot P_1 .$$

11. Рабочий объем цилиндра пневмодвигателя.

Индикаторная работа пневмодвигателя складывается из работ процессов, образующих рабочий цикл пневмодвигателя

$$L_{инд.} = L_1 + L_2 + L_3 + L_4 + L_5 , \text{ Дж.}$$

Работа наполнения:

$$L_1 = 0{,}5 \cdot (P_1 + P_2) \cdot (a + C_2) \cdot V_h . \tag{49}$$

Работа расширения:

$$L_2 = P_2 \cdot (a + C_2) \cdot V_h \cdot \frac{1}{1-n} \cdot \left[\left(P_2 \Big/ P_3 \right)^{\frac{1-n}{n}} - 1 \right]. \tag{50}$$

Работа выхлопа:

$$L_3 = 0{,}5 \cdot (P_3 - P_4) \cdot (1 - C_3) \cdot V_h . \tag{51}$$

Работа выталкивания:

$$L_4 = P_5 \cdot (C_3 - 1) \cdot V_h . \tag{52}$$

Работа обратного сжатия:

$$L_4 = P_5 \cdot (a + C_3) \cdot V_h \cdot \frac{1}{1-n} \cdot \left[\left(P_5 \Big/ P_{6'} \right)^{\frac{1-n}{n}} - 1 \right]. \tag{53}$$

$$V_h = \frac{L_{uho}}{0,5 \cdot (P_1 + P_2) \cdot (a + C_2) + P_2 \cdot (a + C_2) \cdot \frac{1}{1-n} \cdot \left[\left(\frac{P_2}{P_3}\right)^{\frac{1-n}{n}} - 1\right] + 0,5 \cdot (P_3 - P_5) \cdot (1 - C_3) + P_5 \cdot (a + C_3) \cdot \frac{1}{1-n} \cdot \left[\left(\frac{P_5}{P_6}\right)^{\frac{1-n}{n}} - 1\right]} \quad (54)$$

12. Размеры цилиндра пневмодвигателя.

Диаметр цилиндра $D_{\mu} = \sqrt[3]{\dfrac{4 \cdot V_h}{(S/D_{\mu}) \cdot \pi}}$, м,

где $S/D_{\mu} = 0{,}55 - 0{,}8 \ (1{,}1)$

Ход поршня: $S = (S/D_{\mu}) \cdot D_{\mu}$, м.

Площадь поршня: $F_n = \dfrac{\pi \cdot D_{\mu}^2}{4}$, м^2 .

13. Проектирование впускного клапана и определение его основных параметров.

Самодействующие клапаны в поршневых пневмодвигателях, как и в компрессорах, могут быть следующих типов: кольцевые, тарельчатые, полосовые, лепестковые, прямоточные. Ниже будет рассмотрен расчет только двух типов клапанов – кольцевых и тарельчатых. В качестве примера на рис. 24 показаны два варианта клапанов. В отличие от клапанов поршневых компрессоров, клапаны пневмодвигателей выполняются нормально-открытыми.

По желанию проектировщика, либо в соответствии с заданием на проектирование выбирается тип клапана (кольцевой или тарельчатый). Для пневмодвигателей больших мощностей, требующих повышенного расхода сжатого воздуха, рекомендуется применять тарельчатые клапаны, число которых выбирается конструктивно.

13.1. Площадь проходного сечения в щели клапана.

Эквивалентная площадь проходного сечения всех клапанов из уравнения неразрывности

$$\Phi = \frac{C_n \cdot F_n}{C_{36} \cdot M_{\scriptscriptstyle H} \cdot \mu_{\scriptscriptstyle uu}}, \text{ м}^2, \quad (55)$$

где $C_{36} = \sqrt{k \cdot R \cdot T_{\scriptscriptstyle H}}$ - скорость звука, м/с; $\mu_{\scriptscriptstyle uu}$ – коэффициент расхода в щели клапана, в первом приближении принимаемый $\mu_{\scriptscriptstyle uu} = 0{,}6 - 0{,}65$.

Площадь проходного сечения в щели клапана

$$f_{\scriptscriptstyle uu} = \Phi / z_{\scriptscriptstyle K\scriptscriptstyle \Lambda}, \quad (56)$$

где $z_{\scriptscriptstyle K\scriptscriptstyle \Lambda}$ – число клапанов, принимаемое конструктивно.

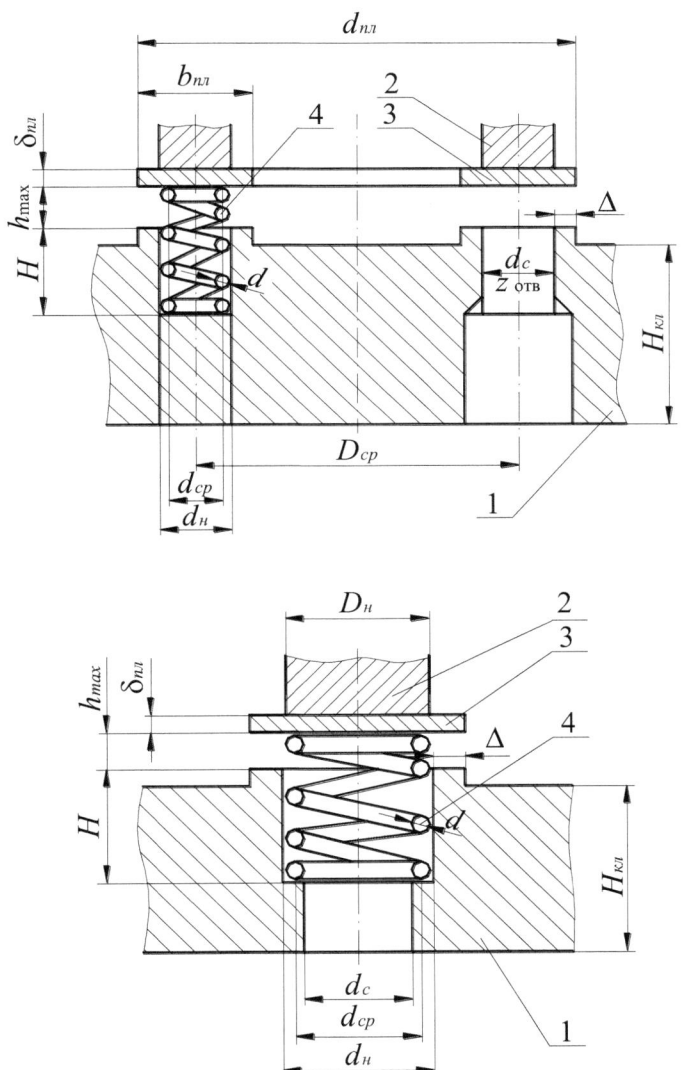

Рис. 24. Конструкции самодействующих клапанов пневмодвигателя: а) кольцевой; б) тарельчатый

1 – седло; 2 - ограничитель; 3 – запорный элемент (пластина); 4 - пружина

13.2. Площадь проходного сечения в седле клапана

$$f_c = f_{uq}/\mu_c , \text{ м}^2 .$$ (57)

где коэффициент расхода в седле клапана μ_c=0,6 - 0,8.

13.3. Площадь проходного сечения каналов ограничителя

$$f_0 \geq f_c , \text{ м}^2.$$

13.4. Сечение трубопровода на входе в пневмодвигатель

$$f_{mp} \approx f_0 . , \text{ м}^2 .$$

13.5. Ширина уплотнительной кромки клапана в закрытом состоянии

$$\Delta = (1,5 - 2)\cdot 10^{-3} \text{ м}.$$

13.6. Наружный диаметр запорного элемента.

- кольцевой клапан

$$D_{\text{н}} = D_{cp} + b_{na} ,$$ (58)

где $D_{cp} = (0,5-0,8)\cdot D_{u}$, м - средний диаметр запорного элемента;

$b_{na} = (8 - 10)\cdot 10^{-3}$ м - ширина пластины;

- тарельчатый клапан

$$D_{\text{н}} = (0,5-0,8)\cdot D_{u} + \Delta .$$ (59)

13.7. Толщина запорного элемента.

Выбирается из условий прочности и обеспечения малой инерционности запорного элемента.

- кольцевой клапан

$$\delta_{na} = (0,5 - 1)\cdot 10^{-3} , \text{ м};$$

- тарельчатый клапан

$$\delta_{na} = (0,8 - 2)\cdot 10^{-3} , \text{ м}.$$

13.8. Требуемая высота подъема запорного элемента.

- кольцевой клапан

$$h_{\max} = \frac{f_{uq}}{2 \cdot \pi \cdot D_{cp}} , \text{ м};$$ (60)

- тарельчатый клапан

$$h_{\max} = \frac{f_{uq}}{\pi \cdot D_{\text{н}}} , \text{ м} .$$ (61)

Полученная величина h_{max} должна находиться в пределах $(0,2 - 2)\cdot 10^{-3}$ м, в противном случае необходимо изменить количество клапанов.

13.9. Лобовая поверхность пластины

- кольцевой клапан

$$f_{пл} = \pi \cdot D_{cp} \cdot b_{пл} \text{ , м}^2 \text{ ;} \qquad (62)$$

- тарельчатый клапан

$$f_{пл} = \frac{\pi}{4} \cdot D_{н}^2 \text{ , м}^2 \text{ .} \qquad (63)$$

13.10. Диаметр каналов для прохода газа в седле.

$$d_c = \sqrt{\frac{4 \cdot f_c}{z_c \cdot \pi}} \text{ , м,} \qquad (64)$$

где z_c – число отверстий в седле, задаваемое из конструктивных соображений;

- кольцевой клапан: $d_c \leq b_{пл} - 2 \cdot \Delta$
- тарельчатый клапан: при $z_c = 1$, $d_c = D_н - 2 \cdot \Delta$.

13.11. Подбор пружины клапана.

13.11.1.   Наружный диаметр пружины клапана.

- кольцевой клапан: $d_н \leq b_{пл} - 2 \cdot \Delta$, м;
- тарельчатый клапан: $d_н \leq D_н - 2 \cdot \Delta$, м.

13.11.2.   Число пружин в клапане.

- кольцевой клапан: $z_{пр} = \dfrac{\pi \cdot D_{cp}}{(3 - 4) \cdot d_н}$
- тарельчатый клапан: $z_{пр} = 1$.

13.11.3.   Диаметр витка пружины.

Производится выбор материала пружинной проволоки класса 1 или 2 по ГОСТ 9389-75 и определяется диаметр витка d пружины из стандартного ряда по ГОСТ 13766 (13767, 13768, 13770, 13771, 13772, 13775)-86 [24] в соответствии с известным $d_н$. Наружный диаметр пружины затем приводится в соответствие со стандартным значением.

13.11.4.   Средний диаметр навивки пружины.

$$d_{cp} = d_н - d \text{ , м .}$$

13.11.5.   Число витков пружины.

Задается в пределах : $n_в = 8$ - 10.

13.11.6.   Жесткость пружины.

В соответствии с [23] находится для выбранных значений d и $d_н$ жесткость одного витка $C_{1в}$, Н/м, а затем жесткость всей пружины:

$$C_{пр} = C_{1в} / n_в \text{ , Н/м,}$$

либо по формуле

$$C_{np} = \frac{d}{n_s} \cdot \left(\frac{d}{d_{cp}}\right)^3 \cdot 10^{10} \text{ , Н/м .} \qquad (65)$$

13.12. Глубина паза в седле под пружину.

$$H = d \cdot n_s + (2-4) \cdot 10^{-3} \text{ , м.} \qquad (66)$$

13.13. Уточнение относительного «мертвого» объема пневмодвигателя.

Вычерчивается самодействующий клапан в соответствии с принятыми размерами и конструктивно уточняется величина «мертвого» объема клапана $V_{м.кл}$. С учетом допустимой величины «мертвого» объема цилиндра пневмодвигателя $V_{м} = a \cdot V_h$, подбирается «мертвый» объем за счет «недохода» поршня $V_{м.нед}$:

$$V_{м} = V_{м.кл} + V_{м.нед} \text{ .}$$

14. Уточнение давления P_2 в момент закрытия впускного клапана и давления P_3 в конце процесса расширения.

Коэффициент расхода в щели клапана можно определить по эмпирической зависимости [11] :

$$\mu_{щ} = 1 - 0{,}55 \cdot \left(\frac{f_{щ}}{f_{c}}\right)^{0{,}58} . \qquad (67)$$

Критерий скорости потока газа:

$$M_{н} = \frac{C_n \cdot F_n}{\mu_{щ} \cdot f_{щ} \cdot \sqrt{k \cdot R \cdot T_{н}}} \text{ .}$$

Далее уточняется значения N_2, ΔP_2, P_2 и P_3 по пунктам 10.2. и 10.3.

15. Предварительное поджатие пружины клапана.

Исходное положение впускного клапана нормально-открытое с высотой подъема запорного элемента h_{max} . Предварительное поджатие пружины h_0 увеличивает силу упругости пружин клапана, от которой в значительной мере зависит продолжительность процесса наполнения, т.е. относительный ход поршня C_2 .

Сила упругости пружин клапана:

$$F_{np} = z_{np} \cdot C_{np} \cdot (h_{max} + h_0) \cdot 10^{-3} = f_1(h_0) . \qquad (68)$$

Эта сила противодействует силе, возникающей от перепада давления воздуха перед запорным элементом и под ним (газовой силе).

Газовая сила в момент закрытия впускного клапана:

$$F_{г.з.} = \rho_{д} \cdot \left(P_{нач} - P_2\right) \cdot f_{пл} \text{ , H} \qquad (69)$$

где $\rho_{д}$ – коэффициент давления потока воздуха.

Физический смысл коэффициента давления поясняется в [21] , там же приведена методика его определения для самодействующих клапанов поршневых компрессоров. Для нормально-открытых клапанов расширительных машин рекомендуется [11] эмпирическая зависимость

$$\rho_{д} = \frac{0{,}5 \cdot (1 + f_{c} / f_{пл})}{\left(1 + 1{,}25 \cdot 10^{-3} \cdot (h_{\max} + h_{0})^4\right)} \cdot \qquad (70)$$

Учитывая уравнения (56) и (57):

$$F_{г.з.} = \frac{0{,}5 \cdot (f_{пл} + f_{c}) \cdot \aleph_2 \cdot P_{нач}}{\left(1 + 1{,}25 \cdot 10^{-3} \cdot (h_{\max} + h_{0})^4\right)} = f_2(h_0) , \qquad (71)$$

где h_{max} и h_0 подставляются в мм.

Точка пересечения графиков $F_{пр} = f_1(h_0)$ и $F_{г.з.} = f_2(h_0)$ даст значение предварительного поджатия h_0 , которое обеспечивает закрытие клапана при заданной степени отсечки наполнения C_2.

16. Давление воздуха в цилиндре в момент открытия впускного клапана.

Давление P_6 находится из условия $F_{г.з.} = F_{г.о.}$:

$$P_6 = P_{нач} - \frac{2 \cdot F_{г.о.}}{f_{пл} + f_{c}} . \qquad (72)$$

17. Длина пружины в свободном состоянии.

$$L = H + \left(h_{пл} + h_0\right), \text{ м.} \qquad (73)$$

18. Уточненное значение безразмерного хода поршня в конце процесса сжатия.

$$C_6^* = \frac{a + C_3}{\left(P_6 / P_{кон}\right)^{1/n}} - a$$

Угол поворота вала соответствующий $C_6{}^*$ находится из уравнения

$$C_6^* = 0{,}5 \cdot \left(1 - cos\varphi_6^* + 0{,}5 \cdot \lambda_{ш} \cdot \sin^2 \varphi_6^*\right)$$

19. Мощность, затрачиваемая на трение.

19.1. Мощность трения в уплотнительном узле при высоте поршневых колец h_z = (4 - 6)·10⁻³ м и коэффициенте трения f_{mp} = 0,35 - 0,4

$$N_{mp.s} = 5{,}25 \cdot 10^{-3} \cdot f_{mp} \cdot C_{П} \cdot \pi \cdot D_{ц} \cdot \left(P_{нач} + P_{к}\right) \cdot \sqrt[3]{h_z} \text{ , Вт.}$$

29. Мощность трения в пневмодвигателе:

$$N_{mp} = K_{S} \cdot Z_{ц} \cdot N_{mp.s} \text{ , Вт.}$$

53

где $K_S=1{,}25 \div 1{,}5$

30. Механический КПД ПД:

$$\eta_{\textit{мех}} = 1 - {N_{\textit{тр}}} \Big/ {N_{\textit{инд}}} \ .$$

31. Проверка:

$$N_{\textit{в}}^{*} = N_{\textit{инд}} \cdot \eta_{\textit{мех}}$$

$N_{\textit{в}}^{*}$ должна быть равна заданной $N_{\textit{в}}$.

Заключение

В работе представлены методики инженерного расчета основных параметров поршневых пневматических двигателей двух типов, отличающихся системой воздухораспределения:

- с золотниковым механизмом, имеющим принудительный привод от механизма движения;

- с самодействующим впускным клапаном и выпускными окнами.

Инженерная методика расчета поршневого пневмодвигателя с самодействующей системой воздухораспределения дополнена экспериментальными исследованиями, выполненными под руководством и при непосредственном участии авторов работы. Полученные в результате этих исследований эмпирические зависимости использованы в предложенной методике.

Приведенные методики расчета ППД на протяжении ряда лет использовались в учебном процессе кафедры «Компрессорные машины и пневмоагрегаты» (в настоящее время кафедра «Холодильная и компрессорная техника и технология»), а также на кафедре «Машины и аппараты химических производств Омского государственного технического университета в рамках выполнения курсовых и расчетно-графических работ.

В настоящем учебном пособии не отражены вопросы выбора, расчета и проектирования механизма движения пневмодвигателя.

Введение в систему воздухораспределения самодействующих клапанов расширяет возможность использования поршневых пневмодвигателей [32]. Самодействующие клапаны, обладая малой инерционностью, позволяют повышать частоту вращения коленчатого вала пневмодвигателя до уровня частот современных высокооборотных поршневых компрессоров, что создает возможность для объединения в один агрегат двух машин - дожимного поршневого компрессора и пневмодвигателя с размещением их на одном валу в одном корпусе. Повышение частоты вращения приводит к снижению массогабаритных показателей машины. Разработка и создание поршневых пневмодвигателей на основе унифицированных компрессорных баз или компрессорных баз холодильных компрессоров малой производительности способствует сокращению сроков внедрения и изготовления указанных машин [33].

Эффект от процессов расширения и выхлопа может использоваться в шахтах в качестве кондиционирования воздуха.

Выполнение пневмодвигателя и компрессора на одном валу (агрегатирование) на унифицированных компрессорных базах общепромышленного назначения или компрессорных базах малых холодильных компрессоров позволит снизить металлоемкость, регулировать. Отработанный охлажденный воздух после пневмодвигателя может направляться для охлаждения компрессора, либо выбрасываться в атмосферу.

Список литературы

1. Герц Е.В. К расчету пневматического поршневого пневмодвигателя с золотниковым распределением / Герц Е.В. Изв. АН СССР.- М.- 1955.- с. 83-89.

2. Е.В. Герц, Г.В. Крейнин. Теория и расчет силовых пневматических устройств. – М.: Издательство Академии Наук СССР, 1960. – 178 с.

3. Зиневич В.Д., Ярмоленко Г.З., Калита Е.Г. Пневматические двигатели горных машин. – М.: Недра, 1975. – 343 с.

4. Зиневич В.Д., Гешлин Л.А. Поршневые и шестеренные пневмодвигатели горно-шахтного оборудования. – М., Недра, 1982. – 199 с.

5. Зиневич В.Д. Исследование рабочих процессов поршневых пневматических двигателей горных машин: Дисс…доктора техн. наук.- Сталин, 1966.

6. Герасименко Г.П. Комплексное исследование пневматической энергии при отработке глубоких месторождений. –М.: Недра, 1971.- 128 с.

7. . Иванов А.В. и др. Пневматический привод горных машин / А.В. Иванов В.К. Лаблайкс, Е.Д. Рябков.- М: ЦИНТИАМ, 1963. – 59с.

8. Ярмоленко Г.З. Пневматический привод горных машин. – М.: Недра, 1967. – 163 с.

9. Нестеренко С.А., Зиневич В.Д. Математическая модель кривошипного пневмомотора для определения мощности и расхода воздуха. // Пневматика и гидравлика М.: Машиностроение, 1979. – вып. 7. - С. 24-28.

10. Кабаков А.Н. Разработка научных основ совершенствования выработки сжатого воздуха повышенного давления для шахт и рудников: Дисс…доктора техн. наук.- Новосибирск.-1984.

11. Прилуцкий И.К. Состояние и перспективы создания прямоточных поршневых детандеров с самодействующими клапанами // Криогенная техника – наука и производство: Тез. Докл. МНПК ЦИНТИХимнефтемаш, НПО «Криогенмаш.- 1991.

12. Прилуцкий И.К., Прилуцкий А.И. Расчет и проектирование поршневых компрессоров и детандеров на нормализованных базах. Учебное пособие для ВУЗов, СПб.: СПГАХиПТ, 1995.-193 с.

13. Поршневой пневмодвигатель: Патент на изобретение № 2097576, МКИ F 01 L 9/02, 25/00, F 01 B 25/02 / Антропов И.А., Ваняшов А.Д., Кабаков А.Н., Калекин В.С., Прилуцкий И.К.

14. Поршневой пневмодвигатель: Свидетельство на полезную модель № 10423, МКИ F 01 L 9/02, 25/00 / Бычковский Е.Г., Ваняшов А.Д., Кабаков А.Н., Калекин В.С.

15. Бычковский Е.Г., Калекин В.С., Плотников В.А. Математическая модель поршневого пневмодвигателя с самодействующими клапанами // Вестник КузГТУ. – 1999. - № 4.- С. 5–8.

16. Ваняшов А.Д. Разработка и исследование поршневых детандер-компрессорных агрегатов с самодействующими воздухораспределительными органами: Дисс...канд. техн. наук.- Омск, 1999

17. Калекин В.С. Рабочие процессы поршневых компрессорно-расширительных агрегатов с самодействующими клапанами: Дисс...доктора техн. наук.- Омск, 1999.

18. Бычковский Е.Г., Ваняшов А.Д., Калекин В.С., Калекин В.В. Совершенствование системы воздухораспределения поршневых пневмодвигателей // Омский научный вестник. - 2001.- №15.- С. 74-77.

19. Бычковский Е.Г. Разработка и исследование поршневых пневматических двигателей : Дисс. канд. техн. наук, Омск, 2001.

20. A.D. Vanyashov, V.S. Kalekin, and S.V. Kovalenko Piston Expander-Compressor Unit Having Self-Acting Gas Distribution Systems // Chemical and Petroleum Engineering. New York: Kluwer academic / Consultants bureau. – 2001.- № 9-10.- С. 474-479.

21. V.S. Kalekin, A.D. Vanyashov, and E.G. Bychkovskii Prospects of Building Piston Pneumatic Motors with Self-Acting valves // Chemical and Petroleum Engineering. New York: Kluwer academic / Consultants bureau. – 2002.- № 11-12.- С. 739-742.

22. Калекин В.В. Разработка и исследование поршневых пневмодвигателей и пневмодвигатель-компрессорных агрегатов с самодействующими клапанами: Дисс…канд. техн. наук.- Омск, 2005.

23. Калекин Д.В. Рабочие процессы поршневых пневмодвигателей с самодействующими клапанами на повышенном давлении сжатого воздуха: Дисс…канд. техн. наук.- Омск, 2010.

24. Загородников А.П. Разработка и совершенствование методов расчета рабочих процессорв поршневых расширительных машин и агрегатов с самодействующими клапанами: Дисс…канд. техн. наук.- Омск, 2011.

25. Пластинин П.И. Поршневые компрессоры. Том 1. Теория и расчет / 2-е изд., перераб. И доп. – М.: Колос, 2000. - 456 с.

26. Доллежаль Н.А. Расчет основных параметров самодействующих пластинчатых клапанов поршневых компрессоров // Общее машиностроение.-1941.- т.9.-С. 2-3.

27. J. Maclaren, S. Kerr. Valve behavior and small refrigerating compressor using a digital computer // The journal of refrigeratin.-1968.-vol.6-Pp.153-165

28. Поршневые компрессоры / Б.С. Фотин, И.Б. Пирумов, И.К. Прилуцкий, П.И. Пластинин; Под ред. Б.С. Фотина. - Л.: Машиностроение, 1987. - 372 с.

29. Френкель М.И. Поршневые компрессоры. – Л: Машиностроение, 1969. – 740 с.

30. Горбенко А.Л. Основы расчета и проектирования поршневых детандеров с автоматическим двухклапанным газораспределением: Дисс…канд. Техн. Наук. СПб, 1999.

31. Анурьев В.И. Справочник конструктора-машиностроителя. - М.: Машиностроение, 1992.- Т. 3. - 720 с.

32. Загородников А.П., Кабаков А.Н., Калекин В.С., Калекин Д.В. Основы совершенствования поршневых пневмодвигателей // Омский научный вестник. Серия «Приборы, машины и технологии.-2012.-№1 (107).- С. 207-211.

33. Поршневой детандер-компрессорный агрегат: Патент на изобретение № 2134850, МКИ F 25 B 9/00 / Ваняшов А.Д., Кабаков А.Н., Калекин В.С., Куликов С.П., Прилуцкий И.К. Опубл. 20.08.1999. Бюл. № 23.

i want morebooks!

Покупайте Ваши книги быстро и без посредников он-лайн - в одном из самых быстрорастущих книжных он-лайн магазинов! Мы используем экологически безопасную технологию "Печать-на-Заказ".

Покупайте Ваши книги на
www.ljubljuknigi.ru

Buy your books fast and straightforward online - at one of world's fastest growing online book stores! Environmentally sound due to Print-on-Demand technologies.

Buy your books online at
www.get-morebooks.com

VDM Verlagsservicegesellschaft mbH
Heinrich-Böcking-Str. 6-8   Telefon: +49 681 3720 174   info@vdm-vsg.de
D - 66121 Saarbrücken   Telefax: +49 681 3720 1749   www.vdm-vsg.de

Printed by Books on Demand GmbH, Norderstedt / Germany